沒了名片，你還剩下什麼？

32個上班族增加自我籌碼的方法

張國洋、姚詩豪

暢銷新版

前言：
沒了名片，你還剩下什麼？
有了 AI，工作的意義何在？

《沒了名片，你還剩下什麼》是我跟 Joe 人生第一次合作撰寫。本書首度出版是在 2014 年，我非常開心能在 9 年之後，也就是 2023 年的今天，能以作者的身分撰寫新版序言。

這 9 年間世界上發生很多讓人震驚的轉變：2018 的全球金融危機、美股熔斷，2020 的全球疫情、中美貿易戰，2022 的俄烏戰爭、兩岸關係緊繃，一直到今年「生成式 AI」所掀起的巨浪，更讓許多上班族第一次真實地感受到：還來不及等到退休，工作就已被 AI 取代！

AI 雖然未達完美，但只要能達到 80 分的品質，加上它效率高、成本低、不嫌累、進步快的優勢，我們預期未來將有一大半的工

作會從人類的手上轉移到 AI。事實上這天比我們想像中更快到來，在我寫這篇序的時候，已經看到不少國內外的企業大幅裁撤或凍結了人力，而以 AI 來替代。

不過從歷史來看，每一次的科技革新，一開始確實會衝擊到部分的工作崗位，但同時也會創造出更多新的工作與新的產業。就以最古老的農牧業來說，全球曾有九成以上的人口都在務農，但現在農業人口在多數開發國家卻僅占極小的比重。以農業大國美國來說，全美農業就業人口僅占總人口的 1% 不到，而這 1% 的農民透過科技的力量，卻能創造極為可觀的產量。至於那些失去工作的農民，多數也沒被餓死，而是逐步被其他新興的產業吸納。

所以我對 AI 時代的來臨還是相對樂觀的，某些人擔心的「AI 會取代多數人的工作，引發失業海嘯」，我認為機會不高。就像 80 年代個人電腦開始普及的時候，也有很多專家斷言人們的工作將會被取代，但事實上電腦與網路反倒讓大家「不在辦公室，也在辦公事」，我們的工時反倒增加了，也多出了很多以前不存在的職位。

農牧業也是如此，科技進展的確會取代部分「勞力性質」的工作，

但人們對工作與生活的品質要求會更高，反倒孕育出更多的新工作。就好比以前的人對室內清潔的要求比較低，地上發現垃圾才會掃地，但有了吸塵器、掃地機器人之後，家庭主婦可能會花更多的時間，來確保地面一塵不染，甚至連看不到的塵蟎、PM2.5 微粒都要細心排除。

所以我的看法是，AI 帶來的最大衝擊或許還不是「失業」，而是會重塑我們對工作的觀點，我們需要重新思考的是，如果事務性、重複性、勞力性的工作很快將被 AI 取代，那麼我們個人的價值又在哪裡呢？

近年來歐美國家有個熱門議題，叫做「無條件基本工資」。概念是說，AI 與機器人持續發展後，產能大幅提升，或許這個世界上根本不需要有那麼多人工作，整個社會就能產出足夠的商品來自給自足。既然如此，為何不讓政府補貼那些不想工作，或是失去工作的人，每個月發給基本工資滿足生活所需，他們用這些錢購物消費，又能帶動經濟成長，何樂而不為呢？但反對者指出，這些無業者拿到錢之後未必會用在生活必需品，而會花在酗酒、毒品與賭博上，況且社會上太多無所事事的人，絕對會帶來更多的社會問題。

結果就有些國家進行了實驗，實驗結果相當引人深思。他們發現，拿到基本工資的無業者，確實有人終日花天酒地，無所事事，但只佔其中一小部分。有更高比例的人，在卸下了生存壓力之後，反倒開始自願做起了更有意義的工作。有的人當起了園丁，照顧社區的花草；有人擔任保姆、課輔老師；更有人從事藝術創作或是烹飪這類興趣。

看到這樣的結果我不禁在想，一直以來我們都以為是「工作需要人來做」，但其實「人也需要工作」，只不過背後的動機已經從「養家活口、支付帳單」這樣的外部誘因，逐漸轉變為「體驗樂趣、成就自我」這樣的內部誘因。

以前科技不夠進步，我們不得不被動地工作來養活自己，期待有了錢之後就可以拋棄工作。但在新科技的幫助之下，現代人或許更需要主動追求有意義的工作，不光為了賺錢。更是為了豐富生命。從上述實驗裡我們看到了這樣的徵兆。

這本書的主旨是想提醒大家，我們工作不該僅僅為了公司那張閃亮的名片，而是透過工作吸取養分，穩健成長，讓我們自己成為專業的品牌。而在科技的浪潮之下，我也想藉由這篇新版序言，

鼓勵大家追求工作的內在動機,把工作從朝九晚五的無奈,昇華為成就自我的舞台,從這個角度思考,我們可能是人類有史以來最幸運的世代,我們能夠借助 AI 的幫助,自由地發揮自己的天賦與熱情,讓生活更加精采踏實!

近年來歐美國家有個熱門議題,叫做「無條件基本工資」。概念是說,AI 與機器人持續發展後,產能大幅提升,或許這個世界上根本不需要有那麼多人工作,整個社會就能產出足夠的商品來自給自足。既然如此,為何不讓政府補貼那些不想工作,或是失去工作的人,每個月發給基本工資滿足生活所需,他們用這些錢購物消費,又能帶動經濟成長,何樂而不為呢?但反對者指出,這些無業者拿到錢之後未必會用在生活必需品,而會花在酗酒、毒品與賭博上,況且社會上太多無所事事的人,絕對會帶來更多的社會問題。

結果就有些國家進行了實驗,實驗結果相當引人深思。他們發現,拿到基本工資的無業者,確實有人終日花天酒地,無所事事,但只佔其中一小部分。有更高比例的人,在卸下了生存壓力之後,反倒開始自願做起了更有意義的工作。有的人當起了園丁,照顧社區的花草;有人擔任保姆、課輔老師;更有人從事藝術創作或是烹飪這類興趣。

看到這樣的結果我不禁在想，一直以來我們都以為是「工作需要人來做」，但其實「人也需要工作」，只不過背後的動機已經從「養家活口、支付帳單」這樣的外部誘因，逐漸轉變為「體驗樂趣、成就自我」這樣的內部誘因。

以前科技不夠進步，我們不得不被動地工作來養活自己，期待有了錢之後就可以拋棄工作。但在新科技的幫助之下，現代人或許更需要主動追求有意義的工作，不光為了賺錢。更是為了豐富生命。從上述實驗裡我們看到了這樣的徵兆。

這本書的主旨是想提醒大家，我們工作不該僅僅為了公司那張閃亮的名片，而是透過工作吸取養分，穩健成長，讓我們自己成為專業的品牌。而在科技的浪潮之下，我也想藉由這篇新版序言，鼓勵大家追求工作的內在動機，把工作從朝九晚五的無奈，昇華為成就自我的舞台，從這個角度思考，我們可能是人類有史以來最幸運的世代，我們能夠借助 AI 的幫助，自由地發揮自己的天賦與熱情，讓生活更加精采踏實！

姚詩豪 2023/5

職場菁英 齊聲推薦

這本書正是教導專案管理工作者在職場如何開啟你的職涯的金鑰。
—— 長宏專案管理顧問有限公司 總經理 周龍鴻

全球化競爭的年代，我們需要嶄新的思維，這本書讓我們能從心思考，從局思維，從人著眼，從微入手，訓練自我具有面對競爭的五感與五力。—— 三竹資訊股份有限公司 APP 應用事業群 協理 曹明哲

如果職場跟電玩一樣可以寫本攻略，這本就是了！—— 揚明光學股份有限公司 產品企劃三處 處長 鍾永鎮

這年頭，什麼都可能是假的，但作者卻不藏私地跟大家說「真心話」！個人在職場「試誤」多年，拜讀此書後不禁感嘆，自己若能提早十年「領悟」其中內容，必能少走冤枉路！—— 精誠資訊股份有限公司 資深專案處長 夏承先

生活化的故事加上生動文筆，這本書絕不會是你書架上的擺飾；一氣呵成的架構讓你愛不釋手，一本兼具人生經營和職場發展的必備秘笈！—— 捷安特中國總裁特助 賴則先

不管是年輕學子、社會新鮮人或沙場老將，本書啟發讀者誠實地面對自己，找出個人職涯的的定位與方向。—— 銘傳大學國際學院助理教授 釋俊彥

淺白易懂的文字，豐富實用的見解，簡單好用的工具，讓這本書易讀又好看。—— 開南大學企業與創業管理系副教授 徐堯

現代職場的心靈雞湯與生存手冊。透過本書可清楚檢核您的職場競爭力，為您清楚定位職場角色。── 開南大學物流與航運管理系系主任 鍾易詩

比賽不懂規則要怎麼贏？本書剖析職場規則，推薦給所有職場新鮮人。── 國立台灣大學土木工程系副教授 朱致遠

職場上，該你表現的時候，就請上台別客氣；反之，在台下當個鼓掌的觀眾，也是種修為。本書還有很多你不可不知的職場潛規則，推薦給大家。── 精誠資訊產品創新中心 專案處長 程哲明

身為藝術工作者，閱讀此書亦使我省思如何置放個人生活的重心，並重新規劃生命的價值，不管你在什麼樣的專業領域，都強烈推薦閱讀！── 台北市立大學音樂系副教授／作曲家 潘家琳

這本書清楚說明職場叢林裡的遊戲規則，無論你是職場新鮮人，或是正值工作倦怠的職場老鳥，這是一本可為你指點迷津、穿越迷霧的寶典。── 國立東華大學企業管理系副教授 陳建男

即使自己創業後，確實仍常自問「沒了名片，我還剩下什麼？」這是一本社會新人為自己職涯規劃，職場老鳥重新自我檢驗，值得花錢買來看的好書！── 艾普拉司科技有限公司 聯合創辦人 陳亦豪

如果我在三十五歲以前看到這本書，我的職場人生可能會大大不同。給在職場新人舊人的生存指引！── 精誠系統股份有限公司 專案支援處 資深專案處長 謝文翊

序言

《沒了名片，你還剩下什麼？ 32 個上班族增加自我籌碼的方法》是我們在二〇一四年應出版社的邀約，將「專案管理生活思維」部落格上有關個人發展的文章集結而成的一本書。很高興在二〇一七年初，出版社決定重新上市（想必是銷路還不錯），並邀請我們重新做序。

為同一本書第二次寫序，該寫些什麼呢？正當陷入沈思時，桌上高高一疊還沒整理的名片吸引了我的注意。這一疊將近七公分高的名片，是我們大約一個月蒐集的量。一張張瀏覽，當中有知名的企業的主管，也有新創團隊的老闆。頭銜包含了經理、副理、協理、襄理、總經理，還有課長、科長、組長、處長、執行長，以及醫師、律師、工程師、建築師還有風水師。說不定你的名片也在裡面。

名片，就彷彿上班族的「產地認證」。短短的幾十個字就像是打印在我們身上的標籤，決定了我們在職場的成就地位。我們力爭上游，最終的成就就印在這一張 5.4×9.0 公分的小卡片裡。

台灣人似乎對「名片」特別在意，這點跟日本人十分接近。在美國工作的時候，一整年也累積不了那麼多名片；而在北京上海遇到的讀友都說：我們不用名片，來加個微信吧！

二〇一四年我們在書中就預言，職場即將出現革命性的變化，在大企業任職不再是職場的保障。三年後的今天回頭來看，這個趨勢不但正確，而且比想像來得更快更急：夏普因財務危機被鴻海收購，雅虎也被收購並退出網路市場，連軟體業巨人微軟也開始大幅裁員。依附一個安穩的大組織這樣的思維，已經徹底遭受挑戰，取而代之的，是如何在職場中建立「個人價值」，這正是本書想要傳遞的重點。

歷史浪潮總是在淹沒了一群人的同時，又成就了另一群人。網際網路、全球化的興起，固然加速了大型官僚組織的衰亡，卻也成就了一群善於把握優勢的個人，我們稱呼他們為「衝浪者」。這群人的身份或許是創業家、SOHO族，甚至可能就是一般的上班族，但他們有著截然不同的思考維度：當大家強調「忠誠度」時，他們更看重「價值創造」；當大家渴望「穩定與保障」時，他們更看重「創新與機會」；當大家一味強調「市場競爭」時，他們知道「協作能力」才是攸關生存的關鍵！

改變未必都是壞事，就像風可以把蠟燭吹滅，也可以助長火勢。我們希望這本書能帶給所有工作者一些不同的思維，幫助大家成為職場的「衝浪者」，乘風破浪，扶搖而上。

張國洋、姚詩豪 2017 / 01

目錄

① 掌握自我定位

⑪ 了解職場規則

⑪⑪ 增加自我籌碼

Ⓘ 正向工作心態

Ⓥ 提升轉職勝率

Ⓥ️ 附錄

現況分析

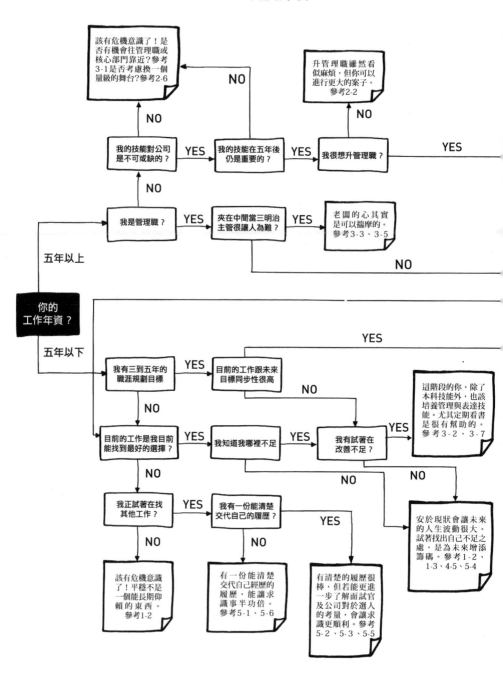

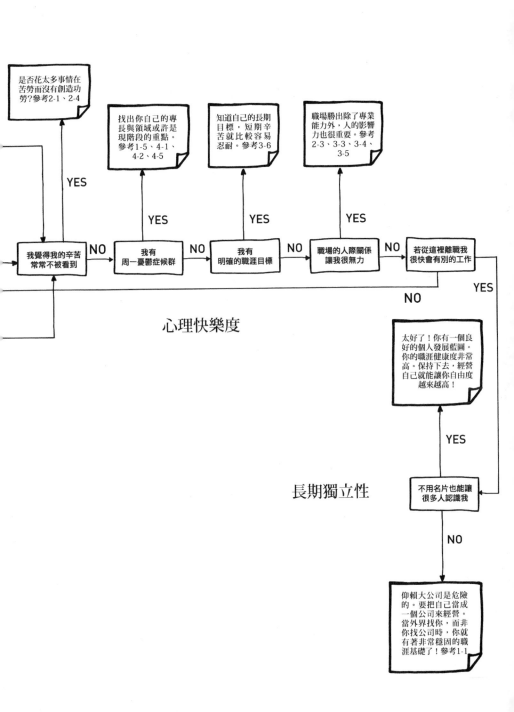

是否花太多事情在苦勞而沒有創造功勞?參考2-1、2-4

找出你自己的專長與領域或許是現階段的重點。參考1-5、4-1、4-2、4-5

知道自己的長期目標,短期辛苦就比較容易忍耐。參考3-6

職場勝除了專業能力外,人的影響力也很重要。參考2-3、3-3、3-4、3-5

YES

YES

YES

YES

我覺得我的辛苦常常不被看到

NO

我有周一憂鬱症候群

NO

我有明確的職涯目標

NO

職場的人際關係讓我很無力

NO

若從這裡離職我很快會有別的工作

心理快樂度

NO

YES

太好了!你有一個良好的個人發展藍圖。你的職涯健康度非常高。保持下去,經營自己就能讓你自由度越來越高!

長期獨立性

YES

不用名片也能讓很多人認識我

NO

仰賴大公司是危險的。要把自己當成一個公司來經營。當外界找你,而非你找公司時,你就有著非常穩固的職涯基礎了!參考1-1

掌握自我定位
Dictate Yourself

理想主義者是不可救藥的：
如果他被扔出了他的天堂，他會再製造出一個理想的地獄。——尼采

1-1 ｜沒了名片，你還剩下什麼？

有次在部落格的讀友聚會上，被問起創業的歷程，我簡單交代了當年和夥伴創業的經過，對方又問了一個有趣的問題「你是何時開始興起創業理想的呢？」

「創業的理想」？嗯，記得我從小學開始就有出國留學的理想；研究所時就對成為管理顧問充滿理想；在美國取得管理學位後，便一直期待能參與國外的大型專案，這當然也是理想！但創業這件事對我來說，與其說是理想，還不如說是一種體悟。這得從某天我出門上班的過程說起。

那年，我從一間小公司跳槽到國內知名的大型企業。記得早上上班常遇到一位鄰居，他是事業有成的建築師，穿著雅痞，表情卻很嚴肅。每次和他共乘電梯下樓，我都會主動和他打招呼，但他頂多嚴肅地點個頭，不發一語，也沒有微笑。

我這人有個毛病，對我越冷漠的我越想逗他開口！有次又在電梯巧遇，心想這位大哥既然是個建築師，跟我也算同個產業，不妨找個工作相關的話題試試。

「您是從事哪方面的建築設計呢？樓房、景觀、還是室內設計？」我開口攀談，他仍是一臉酷樣地回答：「都有！」，然後電梯內一陣靜默……本次搭訕再度失敗，我只好從口袋裡拿出新印的名片遞過去：「這是我的名片，希望以後有機會合作囉！」

沒想到雅痞鄰居看到我的名片，眼睛突然一亮：「喔！原來你在 XX 公司喔！你負責哪些案子？你是學結構的啊！」就這樣，我們出了電梯後，又在電梯口聊了幾分鐘，相談甚歡。從那天起，只要我們在電梯遇到，都會聊上幾句，變成了好朋友！

我赫然體悟到，原來進了知名企業就像進了魔法學院，在關鍵時刻只要使出「魔法卡（名片）」，就會收到意想不到的效果。事實上，「魔法學院」還發給我們每人一件「魔法斗篷」（你要叫它員工制服也行），只要穿著它去拜訪任何合作廠商，你都可以感受到魔法帶來的力量：大家都愛你，不吝惜給你更多的微笑和必要的支援！連我這個魔法學院的一年級新生都可以體驗到一種愉悅的「漂浮感」，這是我過去在小公司未曾有過的感動！

進了大企業後我的薪資降低了，但這份工作帶給我許多無形的福利，

讓我覺得非常超值，甚至連老爸老媽都與有榮焉。

上一間小公司默默無名，儘管我位階不低，薪水也很優，但爸媽總是很難向朋友們介紹我的工作。自從有了知名企業的加持，雖然他們還是搞不清楚我在做什麼，不過爸媽的朋友看到我都會說：「喔，你就是在 XX 公司上班的 OO 嘛！優秀優秀！」。有次我回家遇到老弟的同學來作客，對方看到我也說：「啊，你就是在 XX 公司上班的大哥！」好樣的！我的稱號現在竟變成「在 XX 公司上班的 OO 了」，不太習慣，但是說真的，我喜歡！

只不過，快感來得急，去得也快。

有天和一位當牙醫的同學閒扯，他開玩笑說牙醫是世界上最棒的工作，因為全世界的人都有三十二顆牙齒，所以他不愁沒生意可做（看來心臟和眼科真沒搞頭）。就算有天流落非洲荒野，他還是可以幫土著拔牙換鴕鳥蛋維生。想想也是，醫生就算沒了大醫院的白袍，到哪裡都還是有機會靠醫術提供價值，而木匠、廚師其實要生存也不難，那我自己呢？我雖然是工程師，但卻沒能力從頭到尾做出一個產品，或是憑一己之力解決一個問題、完成一項計畫。我發現，我自己的價值其

實建構在一個非常薄弱的基礎上，這個基礎不怎麼仰仗我，我卻非常依賴它，簡單地說，沒了名片，沒了制服，沒了頭銜，我還真的什麼都不是，簡直就像缺了南瓜馬車的灰姑娘，沒有哆啦 A 夢的大雄。

回憶起創業的初衷，其實只有簡單的兩個字──「生存」！

在這個強調「熱血」，人人「追夢」的年代，年輕人總是把「創業」與「理想」緊密連結。但對我自己來說，創業非關理想，我只是想和志同道合的朋友一起，創造出一些屬於我們的「獨立價值」，希望靠這這些價值，縱使沒有「魔法卡片」與「魔法斗篷」的庇蔭，也能在這個世界生存下去。

二○一三年正式宣布破產的底特律是個犯罪率與失業率都名列前茅的城市。但在二十世紀初，它可是全球第一的工業大城，一九五○年代全球每四台車就有三台是在底特律製造的。後來美國的汽車工業外移，加上日本汽車業的強勢競爭，這座城市漸漸從繁華走入衰敗。幾年前我曾經開車經過底特律市區，遠看盡是壯觀高聳的摩天大樓，頗有大都會的氣派，但開車進城後，滿街盡是荒廢的店面與流浪漢，原本想下車逛逛的念頭也立刻打消。一座城市也好，一個國家也罷，整個產

業的消失並不是不可能的，底特律的衰敗，受害最深的就是那些依賴產業最深，而且最走不開的一群人。

很難不把正在崛起的中國大陸比做當年的日本車廠，而昔日光輝的台灣，一不小心就會變成現今的底特律。事實上，我周圍早有不少朋友被迫面對「調派大陸或是離職擇一」的單選題。很多人這時候才第一次驚覺，原來自己需要公司的程度，遠比公司需要自己來得多！

「職場」跟「情場」是很相似的。當你過度依賴對方時，通常也是對方開始厭倦，想甩開你的時候。如果有天你變堅強獨立了，往往又會散發無窮魅力，讓對方忍不住靠過來。當勞方上街頭抗議資方時，其實已然成為這段關係的弱者。並不是說勞方權益不該爭取，我想說的是，在走到這一步之前，我們應該預備更好的策略，至少替自己累積一些籌碼。當水草不再豐沛時，只有兩個選擇，當個遊牧民族逐水草而居；或是，在同樣的土地上種植出自己的價值。前者是當個具有跨國工作能力專業人員，後者就是創業，發展一套自己的系統，創造出價值。

這就是我創業的心情。不妄想當位高權重的大老闆，不敢談風花雪月

的理想，只是希望拿回一些生存的主導權，考驗自己在沒有大企業或是明星產業的光環下，我和我的夥伴們能夠創造出多少真正的價值。

倒也不是自己開公司才叫做創業，「創業」只是凸顯「價值」的一種形式。如果你月薪六萬，市場上能取代你工作的人，月薪要價十萬，那麼你對公司來說就有四萬塊的淨值。我們絕對要排除「靠公司賞口飯的思維」，就和公司與公司的合作一樣，你是一個獨立的事業體，企業透過市場機制取得你的專業服務，就是那麼簡單。公司若能用同樣或更低的價格找到更高水準的服務，它終究會離你而去。但相對的，你的服務在市場上若有更高的價值，你也絕對可以待價而沽。

我老弟是個 3D 動畫師，有次他為了讓他旗下那些滿口理想抱負的年輕動畫師認清自己的價值，他要求團隊每個人去參加政府主辦的交通宣導設計比賽，目的在利用最少的製作時間，看看能賺到多少獎金，這樣等於估算出自己的單位時間價值！結果老弟花了四個多小時的時間拿到數萬元的首獎，而其他小朋友則全數摃龜。我猜他們對於何謂「理想」，何謂「價值」這件事上了扎實的一課：如果你自以為傲的專業，在市場上其實是沒有價值的，那麼崇高理想又有何基礎呢？

把自己視為獨立事業體來經營，就是創業！我們和公司的關係，應該是一段平等對待的感情，一段互惠的合作。要是心底能夠這麼想，自然不會產生過度的依賴或期待，也會持續為拉高自己的價值而努力，成為公司（也是自己）的搖錢樹，而不是拖油瓶。

對於有心創業卻苦無資本的人，我也想說一句或許不太中聽的話。有人願意投資你的事業固然是件好事，但如果你的創業不過是基於一個天外飛來的遠大理想（或賺錢點子），卻因為籌不到足夠的錢便自認無法開展，我認為你是誤解了創業的真諦。創業是自己和伙伴們獨立創造賴以生存的價值，而不是向別人借錢去滿足自己達不到的夢想。有多少錢做多少事，重點是把自己現有的價值凸顯出來，而非靠著一個 idea，弄一筆錢，去市場賭一把！從來就沒有扎實的企業是單純靠點子成功的，如果臉書創辦人馬克‧祖克柏等到資金到位才開始寫程式，我想今天社群網站之王應該另有其人。

創業非關理想，但求生存，這是我的看法。

1-2 ｜我只想要一個平穩的生活，有什麼不好？

最近有年輕的朋友跟我們提到：「我其實不貪心，只要有個穩定的工作、不要壓力太大、薪水夠用、平常可以做自己的事情，一年能出國一次，這樣就夠了。我的人生不求升官、也不期望大發財，甚至不想擔管理職，只要自在過著屬於自己的小日子即可。這樣的願望應該很容易？有什麼好方法能讓我一直過這樣平凡的人生呢？」可惜，世界上沒有所謂不貪心的願望。

只求穩定的小日子，反而才是最難的願望。

為什麼呢？

首先要講的是，大部分人以為，只要我不貪心，平穩的生活是可以持續不動的。換句話說，很多人心中想像的生活，是類似下面這條線。

生活（大家以為的平穩生活）

只要自己不主動改變它，生活就能維持不動。但實際上，平穩並不是一種「主動」的選擇；並不是我選擇要不要讓生活保持不動。平穩其實是很多力道互動下的結果，就像飛機能停留在天空其實是推力足夠下產生了升力，而這升力抵銷了地心引力的結果。

飛機的四種作用力

飛機必須以升力克服重力，以推力克服空氣阻力，使飛機飛行於空中。

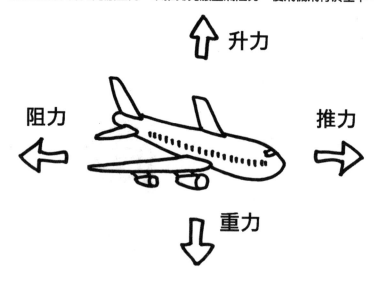

人生其實是類似的，更傳神的比喻是小時候老師講的諺語：「學如逆水行舟」你通常得很努力維持不被浪頭沖走，最後才能勉強維持平穩不動。你若什麼都不做，你的優勢其實是會隨著時間逐漸遞減的。

生活 (實際的平穩生活)

真正的人生其實是類似上面這樣的曲線。你若平穩於一個輕鬆的工作、滿意於還可以的薪水、不想太多挑戰，隨著時間拉長，你的競爭力其實是默默地在下降，當下降到一定程度後，人生就會不太平穩了。

所以就算你不想當管理職、討厭學新東西、不想在職場上升遷，你還是得「做些什麼」。新技術取代了舊技術，你總得學會。就算做著相同的工作，以前跑紙本流程的，現在改用電腦了，你總得學會用電腦吧？所以就算你沒什麼野心，你的工作還是會慢慢的「自然耗損」。

因此，不管你喜歡也好、不喜歡也罷，就算只想維持現狀，你也不能只是維持現況。你得定期有些提昇來抵抗「自然耗損」，生活才有機會維持在同一水平上。

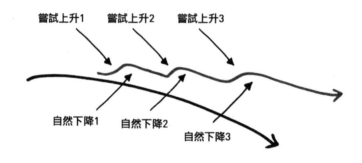

平穩生活的實際走勢

這概念不難，就圖形上看起來也不難不是嗎？ 我只要定期往上移動一點點就好……

NO，若你這樣想就大錯特錯了。實際上要維持平穩，可比圖形上看起來要難得多。因為嘗試上升多少是剛剛好？多少的上升足以抵銷下降的拉力，其實誰也不知道。而自然下降的力道其實是時時不一樣的，

經濟差的年代可能降得快，你所處產業大賺的年代可能降得慢。不同技能的人，降的速度也不同。每年多少新人投入到你的產業中，也會影響速率。所以預估一個下降值，然後讓自己的提升剛好能抵銷自然耗損，其實是完全不實際的。

反而應該盡量在所有能拉升的時間先拉升。因為你永遠不知道下降力會有多大，有些人努力一輩子，可能最後也才勉強比原來高一些。

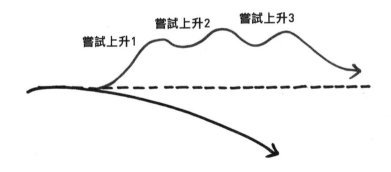

所以年輕人該考量的，反而不是滿足於小小的平穩，而是該有一個遠大的夢想，大到能奮力去追尋的地步！因為就算很努力地追求夢想，最後也可能只落得平穩過活。 更何況你若夢想很小，努力很少，你的努力會完全無法對抗自然耗損，最後只是讓自己走在下降趨勢中。

1-3 │ 投入公職是追求穩定，或是一場豪賭？

在新聞上看到某家求職網站做了一項調查，指出台灣有 82% 的上班族有報考公職的意願，另一項統計資料則顯示全國有超過十五萬人正在準備公職考試，這兩項數據對身在台灣的你我或許不會意外，畢竟近年的經濟狀況讓大家很有危機，公職似乎是個很好的職場避風港。但凡事總有一體兩面，我們就來談談投考公職的好與壞。

我的父母都是公教人員，我也算是「鐵飯碗」的間接受益者。我想先從自己的觀點，列出幾項任公職的好處，有些點可能是正在準備公職考試的人還未必想到的喔。

1. 薪資收入穩定

這是大家都清楚的好處，尤其是現在這個時機。回到我爸媽那個年代，公務人員的薪水只稱得上穩定，不像現在相對「優渥」。不過收入穩定搭配上妥善的理財，時間拉長之後就會看出效益。好比我自己小時候總覺得周圍的親戚朋友都比我家有錢，但隨著年齡增長，發現在爸媽穩健保守的持家風格下，家裡環境與周遭人相比有越來越好的趨勢，不過前提是要好好地控制欲望與謹慎理財，才能帶來長期的效益。

2. 工作職位穩定

自有印象以來，爸媽的工作從沒換過。我五歲時曾在老爸老媽辦公室拍過幾張照片，同樣的背景也就是他們後來退休的地方，成長過程中從沒為了爸媽的工作搬過家。我爸媽的情緒一向很穩定，印象中很少看到他們下班後苦著臉或是脾氣不好，我想這跟工作穩定也有很大的關係。

3. 生活作息穩定

任公職除了不會常換工作外，作息穩定也很重要，這讓父母更有心力去參與孩子的生活。從小到大我和弟弟每天晚上都可以吃到熱騰騰的飯菜，爸媽也常陪著我們寫功課，甚至練毛筆字、背唐詩什麼的。小時候總覺得爸媽管我管得特別嚴，別的小朋友下課可以在外面鬼混到六七點，但我最晚五點就一定要回家，因為爸媽那時候就會回來。長大之後想想，父母作息穩定對親子關係來說多半是正向的。

4. 人際關係穩定

公務員都有一定的素質，和爸媽一起工作的叔叔伯伯阿姨都是很不錯的人，而且同事一做可能就是二三十年，這樣穩定持久的人際關係在現在的私人企業中應該不常見。此外，公家單位的同仁彼此較少直接

競爭，與上級的利害關係也較為和緩，畢竟公家單位敘薪晉升都有一定的制度，只要不違法犯紀，主管通常也不能把你如何，同事間的情誼在這樣的工作環境下是穩固的。

5. 銀行貸款容易

這點是我這幾年才深深感受到。一般人除非和銀行有特殊的關係，如果想要申請貸款，光收入高是不夠的，銀行更關注的其實是「穩定」。年薪五十萬不到的軍公教與一年賺五百萬的中小企業老闆，在銀行眼中，前者說不定是更好的放款對象，因為成為呆帳的機會較低。公職人員除了審核容易過關，通常也可以拿到較低的利率，探究起來，這也是薪資穩定和工作穩定帶來的延伸效益。

以上五項投身公職的優點，我想大家都會同意。但既然要以職場策略的角度探討，當然也要看看「暗黑的一面」。就個人觀點而言，以上的所有優點其實都來自於同一個基礎（前提假設），那就是「持續穩定」，若公職這行少了「持續穩定」這座基礎，上述一切的優勢將全部消失，這就是為什麼我常跟朋友說，這年頭想要擔任公職，其實是「押很大」的一項賭注！

有意投考公職的人可能是最早察覺出這個世界的多元和變動的一群，他們渴望安定，但又（矛盾地）相信變動的世界裡存在一隅安定的角落，可以供他們歇息到老。這種矛盾心態某種程度可從輿論略知一二。

這幾年民眾對於公務人員相對的高底薪與高福利大肆撻伐，催促政府修法取消各項公教退休福利（如 18% 定存），更把經濟不景氣歸咎於政府效能不彰，公務人員尸位素餐，軍公教族群就算不是「全民公敵」也絕對是個好用的「箭靶子」和「出氣筒」。有趣的是，大家罵歸罵，但公職報考人數卻屢創新高，公職補習班生意越做越旺。我自己就聽過一個阿伯邊看社論節目一邊臭罵公務員，一邊又轉頭跟女兒說，妳看看，畢業還是趕快去考個公職比較好！

我特地問了爸媽，他們同事的小孩當中有多高比例也成為公教人員？他們想了好久，才終於想起一位同事的女兒也當了老師。我們都知道不少醫生父母會極盡所能引導他們的小孩也成為醫生，督促他們用功讀書，考不進台灣的醫學院至少也要當小波波（留學波蘭醫學院）。如果當個公務員那麼好，為什麼看不到太多公務員父母積極敦促孩子也去考公職（我父母甚至表達不鼓勵的態度）？這是個耐人尋味的問

題，是不是他們身在其中看到了什麼隱憂？或者，如同心理學家的研究，人們對於自己欠缺的東西（好比安定感）會進行非理性的放大，在這個動盪的時刻，大家都膨脹了「安定感」的價值和重要性？

事實上，從事公職最大的牛肉就是「安定」，但這塊牛肉已經出現腐壞的跡象了！當經濟遲緩，民怨沸騰，往往也是國庫拮据的時候，這時候的政府固然可以推動各項振興經濟方案，但一來未必有效，就算有效也未必立即有感，就算有感也往往要負擔更高的政府支出。另外一個策略便是「增稅」，開什麼玩笑，大家都對政府不滿了還想從老百姓口袋拿錢，這是直接危及政權的手段。所以對政治人物來說，最有效的策略，便是直接削減公務人員的薪資福利，一方面可以降低政府支出，另一方面可以平息民怨。全國公務人員雖然有數十萬，但仍不能形成主要的輿論，講白一點，就是砍這群人的福利他們也不能怎麼樣。

公務人員的福利不但成為內政上的犧牲品，連在國際事務上也常是第一個被犧牲的。二〇一〇年的希臘倒債危機就是一例。歐盟金援希臘的條件之一，就是要希臘政府精簡政府人力。結果在莫可奈何之下，希臘還真的硬生生裁掉一萬五千名公務員，而倖存的公務員則被砍薪

30%，大家仰望一輩子的退休金也被大幅刪減。有意思的是，我們的總統和行政院長最近也常常提起希臘公務員的遭遇，怎麼聽都像是對未來的精簡政策打預防針的感覺。

有人覺得將來的事未必會發生，就算真的發生，這段時間我也享受到了福利。這就是我認為「賭很大」的關鍵了！假如你今年超過五十歲，從年輕時就擔任公職，累積了一定的年資，繼續工作到退休是比較合理的策略，但對於現在才要投身公職的年輕朋友們，一定要好好思考「退場機制」，在你前面的職涯還有二十甚至三十年以上，這麼長的時間你認為公務員的薪資福利還有工作穩定性會是增加還是下降呢？我的父母在五〇年代就進入公家單位，今天他們的退休福利被一砍再砍，你覺得你在民國一百三十年時還能安穩退休嗎？

我會覺得現在才投入公職風險很大的另一個原因在於經驗的不適用。大型官僚體系的做事方式和價值觀，將和外面世界產生嚴重落差，就算當公務員多年，你的經驗出了大門很可能會一無用處。現在的私人企業縱使是跨國大公司，都強調組織扁平化，業務專案化，每位員工都要有判斷、決策、甚至拉生意的能力，而非依循制度照表操課。這些創新、獨立的訓練都是在公部門極度缺乏的。如果能順利待到退休

當然很好，但要是生涯中段出現任何變化，麻煩可就大了。

很多史學家都認為，十八世紀中國的衰敗很大的原因是出在無法由「陸權」國家轉變為「海權」國家。明清以降，除了鄭和以宣揚國威（而非獲取資源）為目的下過幾次西洋之外，明代朱家和清代愛新覺羅家的皇上們不但沒有向外拓展，還頒布多次禁海令。後來的結果大家也都知道了，雖然維持了短暫的穩定，但等到船堅炮利的洋人來踢館時，一切早已來不及了。

我認為現在正是一個職場的「大航海時代」，我們每個人都在波濤洶湧的潮流中載浮載沉，每個人都渴望一片安定的陸地可以靠岸，但這種渴望很可能會把我們帶向危險，就像故事裡船員登上島嶼，才發現原來是大海怪的背脊！在以往如「陸地」般穩固的大型組織已逐漸衰敗或面臨轉型，沒人知道它們何時會下沉淹沒，何時會土崩瓦解。但是，如果我們能以自己的專長和經驗為材料，建艘自己的小船浮在海上，我們還是可以選擇靠岸（與組織合作），或是和其他小船組成船隊（合夥創業），這樣是我認為更具彈性的生涯策略！

後話｜台南手工醬油廠

曾有讀者來信，他好奇難道只有創業或成為某些領域的專家才能生存嗎？難道只想把工作當成生活的一部分，重心放在家庭而不特別想功成名就的人就會被淘汰？

這位網友是台南人，所以我舉了一間在台南有六十年歷史的醬油廠為例。如果我想要一份安定且不用離家太遠的工作，這類與食衣住行相關，具有特色與歷史的傳統產業會是我的首選。因為市場需求相對穩定，只要好好學習與努力，一定可以累積獨一無二的技能。和在大城市的大企業當個小螺絲釘相比，也更有機會凸顯你自己（你可能是公司英文最溜，或者唯一會架網站的人）。

1-4 │ 雞腿便當與退休計畫

高中同學在臉書分享一段影片，是二十多年前我們高一時在教室錄的。下課時間班上鬧哄哄，有人穿著球衣準備比賽、有人在抬槓、有人迫不及待開始吃起便當，真令人懷念。高中畢業後，就再也沒有和這麼多人一起吃便當的機會，也少了很多有趣的經驗。

一起吃便當有什麼好玩？當然有！除了可以一次欣賞全班四十多種不同的便當菜色，更可以觀察到各種吃便當的「攻略」。就拿高中男生的最愛──「雞腿便當」來說好了，我們班上至少就有三種不同的進攻流程：坐我附近的一位同學吃便當的方式讓我印象深刻，也因為他，我才開始注意吃便當這檔事。他把便當打開後，會小心翼翼地把油亮亮的大雞腿夾到便當蓋上，然後埋頭對著白飯和配菜猛攻，吃完後稍事休息，喝口附贈的冬瓜茶，然後才用手拿起「珍藏」的雞腿，開始慢慢地享受，如果遇到排骨飯也是比照辦理。第一次看到時我覺得非常有趣，就問他為什麼要這樣。他說，這就是「先苦後甘」的道理呀！你看白飯沒啥味道，配菜也很雞肋，我把這些先解決掉了，就可以把最精采的部分留到最後細細品味。嗯，我覺得還挺有道理的！

以上是「先苦後甘」的策略一，接下來是策略二，算是「及時行樂」吧！高中生正值發育，常常等不到午休時間就飢腸轆轆了。有的同學會在

第三節或是第四節課當中，就開始「舉頭望黑板，低頭吃便當」！要不被老師發現當然需要技巧，如果把整個便當拿起來嗑，風險實在太高了，用筷子夾起飯菜往嘴裡送也容易失手，兼顧效率與風險的方法，就是朝便當最上層的主菜，也就是雞腿和排骨進攻，夾起來 → 咬一口 → 放回去 → 抬頭看 → 夾起來 →……如此反復數次，整隻雞腿就沒了。雖然想到中午只剩下一盒白飯可吃有點悲涼，但至少當下能暫時解饞，也終於能安心聽老師講排列組合了。

其實仔細想想，這兩種雞腿飯攻略也正好就是「退休規劃」的兩種典型。對於受儒家文化影響的中日韓民族來說，「先苦後樂」絕對是長輩們從小教導我們的美德。年輕時要努力讀書，努力工作，更要努力存錢，等到年老退休了，無事一身輕，可以開始悠閒地享受努力一生得來的「大雞腿」，這樣的規劃是多麼地完美啊！至於「及時行樂」當然是萬不可行，「螞蟻和蚱斯」的故事不就警告過我們了嗎？

確實，那位先把雞腿吃掉的同學，到了中午面對整盒白飯和不怎麼樣的配菜，還真的挺無奈的，先及時行樂的策略顯然不怎麼高明，吃便當是如此，更別說是人生了。不過，先苦後甘的策略，似乎也不是100% 完美，當年我就目睹一件便當悲劇！

某天中午，那位「先苦後甘」同學，努力地把白飯扒光，正準備大啖雞腿的時候，旁邊兩個打鬧追逐的同學把他的桌子撞了一下，整支完好的雞腿就隨著便當空盒一起摔到地上，還在水泥地上滾了滾，均勻地裹上了「粉」，這位雞腿兄辛苦毀於一旦，差點沒把那兩位白目的同學狠揍一頓，只見他臉一陣青一陣白，心酸地把雞腿撿起來扔進垃圾桶。

當然，這絕對是意外，或許千百年也就這麼一次，但套用在人生規劃上，這樣的意外卻越來越多。美國的安隆公司，曾是美國五百大企業中排名第七的模範生，直到假帳弊案爆發前數周，多數員工仍表達會繼續用退休帳戶的錢購買公司股票，幾天後，上萬員工的退休金隨著弊案爆發瞬間付之一炬。寫這篇文章的同時，台灣紡織大廠華隆面臨財務危機，積欠員工數億元資遣費與退休金，員工因此走上街頭。

或許電視名嘴藉此又可以大批政府無能，官員照慣例出面承諾協調，但不管事情如何演變，存了一輩子的「雞腿」掉在地上，苦主還是這群員工，改天這樣的事情也可能發生在你我身上。

看到這裡，你一定會納悶，吃個雞腿飯哪來那麼多花樣，你說的是特

例吧？一般人都是一口肉一口飯的呀！沒錯，「先苦後甘」和「及時行樂」原本就是兩個極端，再說一次，是兩個極端。老實說，我也試過先把白飯吃完再來啃雞腿，但我覺得原本口感豐富均衡的雞腿飯，變得一開始淡而無味，但後頭卻又過度油膩，所以試了一次就沒再繼續下去（尤其親眼目睹「墜雞」事件之後）。但你有沒有想過，是誰規定人生一定要先「忍受」然後才能「享受」？

或許，在過往那個單純且美好的年代裡，考上大學，進好公司，只要辛勤工作，公司絕不會虧待我們，薪水未必多，但退休金就像海上的燈塔一樣，縱使遙遠但卻永不消失，指引著我們人生方向。但是很遺憾的，世界的經濟體系不斷地崩解又重組：我爸媽那一代從畢業到退休，印象最深的事件不過是中美斷交、台海危機（當然，這些事都非常大條）。但我們這一代，亞洲金融風暴、美國信貸危機、到現在的歐債危機，縱使你只有三十歲，從出社會到現在應該全都經歷過了。

我打從心裡認為，我們這一代，如果還是抱持著要努力存一筆錢，然後退休後再來享用這筆錢這樣單純的思維，註定是要失望的。這支「雞腿」早已不像從前那麼美好，而且隨時有人會偷走它、撞翻它。

人生就像吃雞腿便當，想先吃光白飯或是先啃掉雞腿都是極端，唯有兩者一同搭配品嚐，才是平衡完整的人生。這當中，又有兩個觀念是我常提醒自己的：

第一，工作是人生最重要的部分之一，如果可能，應該去享受，而非忍受。僅僅把工作視為賺錢的手段，真是有點可惜了，抱持這樣的心態往往也讓工作難以持久。曾有網友問我如何規劃退休，我的回答是，我從未設定過退休的年紀，如果做的是自己喜愛的工作，幾歲退休就變得不那麼重要了。

第二，如果你渴望悠閒的生活，馬上就要行動，而不是期待數十年後退休的那天才開始，因為等那天真正到來，很多事情恐怕不如你想像。近年來有人提出「迷你退休」的觀念真是深得我心。一般上班族往往利用得來不易的休假，規劃行程緊湊的旅行，結果舟車勞頓之後，回到工作崗位感覺比沒休假還累。

我有位朋友很有趣，他會利用兩三天的假期，到南部一間熟悉的民宿住下來，好好的睡覺、慵懶地看書、悠閒的吃飯、並和鄰里閒聊，這樣沒有緊湊行程的休假，等於事先模擬退休生活，看似什麼都沒玩到，

卻讓他回到公司時精力充沛、靈感泉湧，假期還沒結束就忍不住重啟工作。

我在美國讀書時也跟著同學體驗了美國人的度假方式，他們往往一家人到達目的地後（通常是農場或是某個度假地），便各自鳥獸散，有的去林子裡散步，有的在陽台做日光浴，有的拉張吊床看書打盹，吃飯時大家會一起聊天，吃完飯又各自做自己的事。這樣無所事事的假期對我們台灣人來說簡直是浪費光陰，但我親身經歷過後，深深覺得這才是真正的休息。

把人生強制分為「年輕死命工作」與「年老悠閒退休」兩階段的概念已經過時了，而且太過仰賴退休金或年金制度其實風險太大。我認為工作該是美好生活的一部分，而退休計畫也該趁早開始，不如就選下個周末吧？

1-5 ｜一年過去，你的辛勞讓人有感嗎？

這是個強調「有感」的時代，很多時候「無感」就等同不存在！

政府官員整天行程滿檔我們都知道，但老實說誰在意呢？我們只在意房價是否合理、薪資是否提升，種種施政是否讓人覺得「有感」。我家附近有間餐廳最近漲價，老闆雖然強調食材升級，服務升級，但顯然很多食客跟我一樣，對這些升級無感，倒是對漲價「很幹」，所以我猜現在老闆必定對「門可羅雀」這句成語「非常有感」。

回顧過去這一年，我們是否帶來讓人「有感」的價值，尤其在歲末年終，有人領紅包，有人怕雞頭的時節。每次有朋友跟我聊職場的問題，我都會不厭其煩地告訴他們「定期維護履歷」很重要。一張履歷除了是求職必備文件外，更是一項自我檢視的重要工具。這樣說或許有些武斷，但除非你已經達到「名人」的等級，你的名字、你的臉就是最好的品牌，否則，值得列上履歷的豐功偉績才是別人對你「有感或無感」的關鍵。

找到自己的關鍵字

現代人每天大腦要處理的資訊，可能比我們非洲的遠祖一輩子要處裡的還多。我們的大腦有自動抓取「關鍵字」的功能，會不自覺地對複雜的人事物進行簡化與精煉，只保留最具代表性、可辨識的符號在腦

中。舉個例子，說到「林志玲」你腦中會想起什麼？名模、娃娃音、還是言承旭……每個人聯想的關鍵字或許不盡相同，但多半很難超過五十個字。志玲姐姐畢竟是大明星，我們能在三十秒內找到五十個字形容她已經不簡單，何況一般人？

平凡其實很貴

如果請你的同事簡單地形容一下你自己，限時三十秒，字數五十個，你覺得他們會怎麼說？很難想像對不對，沒錯，因為我們多數人都太平凡了，平凡到很難用簡單幾個字點出獨一無二的特色，平凡到很難凸顯我們和多數人有何不同，平凡到很難證明自己是不可取代的，或是值得拿超過 22K 的薪水。有人會回說「當個平凡人有何不好？」當平凡人當然很好，但前提是你要有當平凡人的「條件」。各位回想一下，最近一次聽到「其實我只是個平凡人，和大家都一樣」或「我只想過著平凡人的生活」這樣的話是來自誰的口中？

不管說話的人是當紅偶像明星、排名前茅的首富、還是皇室成員，我可以很確定她／他絕不是你我這樣的「平凡人」。「平凡」有時就像賈伯斯的穿著一樣弔詭，我們可不可以和賈伯斯一樣，只穿著圓領 T-shirt 和慢跑鞋上台簡報？當然，只要你是賈伯斯就可以。除非你工

作的地方沒有任何競爭，沒有績效考評，公司也不會裁員逼退，或者你早已家財萬貫，否則「平凡」就絕不是我們的安全選項。倒不是說處處要與人爭鋒頭、論輸贏，但我們總得在某方面凸顯出自己的獨特價值，至少讓上司、讓老闆、讓客戶對我們的貢獻「有感」，畢竟，「買家」確實以薪資和福利來交換我們的專業服務，我很確定他們在付錢的時候是絕對「有感」的。

履歷＝別人眼中的自己

我強烈建議你空出半天的時間，坐下來，備好紙筆，獨自回想一下，過去一年的自己到底「完成」了什麼，並且更新一下自己的履歷（不管你有沒有要謀職）。舉個例子，二〇一二年澳網公開賽喬帥（喬科維奇）拿下男單冠軍，完成澳網三連霸，你要如何向不看網球的人介紹這位高手？最簡單客觀的方式是這樣：

　　喬科維奇，二十五歲，塞爾維亞籍職業網球員

　　二〇一三澳洲公開賽冠軍

　　二〇一二澳洲公開賽冠軍、美國公開賽亞軍、法國公開賽亞軍

　　二〇一一美國公開賽冠軍、溫布敦錦標賽冠軍

　　二〇一〇美國公開賽亞軍

我們的履歷某種程度也該如此，畢竟這就是職場上他人認識我們的

方式，不管你是否喜歡，履歷就是被簡化的自己，至少在職場是如此。每個人都會在履歷上寫明職位與工作內容，但更重要的是，我們該標註在這份工作中我們成就了什麼（Accomplishment），以及達到什麼樣的里程碑（Milestone），注意，履歷絕非職務說明（Job Description）而已。舉例來說，Alex 於二〇一〇到二〇一三年間在某企業擔任專案工程師，「平凡版本」的資歷會像這樣：

二〇一〇年一月 至 二〇一三年十二月 〇〇電子公司 專案工程師

協助業務與 PM 進行報價

分析產品成本與資源需求

負責協調客戶變更以及技術問題

以上不痛不癢的描述方式，絕對會幫助 Alex「順利混入」其他數百位相似的應徵者中。事實上，若要讓審查者更「有感」，Alex 應該強調他這兩年職場的具體成果，就像喬科維奇的簡介一樣：

二〇一〇年一月 至 二〇一三年十二月 〇〇工程公司專案工程師

完成多項大型計畫的提案，包括〇〇專案（金額〇〇）、〇〇專案（金額〇〇）等。製作產品〇（研發金額〇〇）之成本估算與資源計畫

順利完成多項合約執行工作，包括〇〇客戶的〇〇合約（金額約〇〇元）

履歷 = 自我的回顧與展望

當我們面對一個難以預測的未來時，應該逐步地、漸進地完成階段性的小目標，藉此根據回饋資訊適度地調整步伐與方向。這與職場的挑戰是否很像？預先想好一條職場的康莊大道，做出精細的規劃，並按部就班地執行，這樣的事情越來越不像計畫而像神話。傳統日本上班族擠破頭考進大企業，並期待從基層做到課長、部長、專務這樣單向式的職涯軌道（Career Track）在我看來已成為一場豪賭！賭產業不會起伏、賭企業不會衰敗、賭自己不會倦怠……

「我將來要朝哪邊發展？」、「我是否還該繼續現在的工作？」這類的問題原本就很難一夕之間豁然開朗！與其空想，不如試著把每天的努力，凝聚成一顆顆履歷上的「亮點」，讓別人先對你的貢獻「有感」，為自己帶來工作上的「小確幸」。當亮點夠多的時候，自然就會連成一條脈絡，這時「偉大航路」也就在眼前展開了！

了解職場規則
Know The Rules
Of Work

我們必須習慣，站在人生的交叉路口，卻沒有紅綠燈的事實。——海明威

2-1 ｜升職的條件

到底怎麼樣的人最容易在職場上獲得升遷呢？若不談逢迎巴結、送禮物走後門那類手段，那麼任何人只要注意兩個要點，一定可以很容易脫穎而出。

① 往上的意願與能力
② 不會留個洞

往上的意願與能力

你可能看了會笑，心想「誰沒有往上的意願呢？」，但且先別笑這麼快，實際上還真不是人人都有的喔！

大家都「想要」往上走，但「想」這個字只是一種被動的期待，單純的希望哪天好運能掉到頭上。可是「意願」是必須包含著某種主動性的。惟有當你心中包含某種主動性，行為上才會反映出必要的特質，比方說積極性、學習性、企圖心、也可能是廣度的思維。

至於「要有能力」這句陳述，乍聽起來像是一句近似廢話的老生常談，但我卻總是訝異的發現，成功與失敗者的差異，往往在於成功者會去做那些老生常談的事情；而失敗者則會恥笑「那不過是老生常談」。

一般來說，在台灣只要技術職的工作做得很好，通常就有機會通往管理職。但管理職可不好做，在那領域裡往往不是多用心、多下苦功、也不是熬夜加班就能換得等值的認同與績效，其中有著眾多面向的技能必須培養。這些技能不可能等自己真的升職之後才慢慢學，若是抱持這樣的心態，一來很可能根本就不會有升職的那一天，二來就算僥倖升遷也很可能迅速夭折。

為什麼呢？有些人常誤以為只要埋頭苦幹的等到老闆認同了你「現在」的價值後，自然會給你更大的舞台。但我得說，這完全是對於職場這東西的誤解。把自己的角色轉換一下想像就知道，大部分有職缺空出來時，除非是當事人退休，或老早就安排好的策略規劃，不然多是突然發生的事情。比方說原本的那位跳槽、被挖角、績效不好被開除、遭逢意外受傷或是死亡無法繼續工作了，這是職位會空缺出來的原因。

這些都是緊急事件，在這情況下，假設你是老闆，你會升誰？當然是升立刻可以上來接手的人。工作每天都繼續著，不可能放著給它爛、也不可能丟在那邊任其停擺，當然會需要接手的人能「立刻」讓事情平順地走下去。

所以，如果自己的經歷與能力跟原本職位的負責人差不多、甚至做得更好，這時候就很有可能出頭。那請再試著想想，這保證來自於哪裡？來自於目前的能力？還是來自於自己已具備「未來新職位」該有的能力？當然是後者吧！

好吧，就算不是因為這樣，就算自己明明什麼都不會，老闆照樣升你。但上了新職位一切千頭萬緒，可能光了解行政程序就夠累了，這時候又如何來學新技能呢？一來不可能一下學完、二來新上任會有太多事情立刻要處理、三來時間往往比想像得趕。一般升職後，老闆多期待三個月內此人要能有表現。時間一過，若讓他發現被晉升者其實不具備這職位的技能時，很可能就會被認為表現不佳了。

看到這裡，你就會了解為何自己先準備好未來的技能是很重要的，因為自己若不為自己準備好，你又怎麼能期待別人認同你的價值呢？

不要留個洞

在說明「洞」這個觀念前，或許我們該先談，到底怎麼樣的人可以在所謂公司這種組織中存活？**簡單的講，就是有一技之長，或是不可或缺的角色。**你可能會說，「可惡，又是廢話。」但還請先息怒，暫且

耐著性子看下去吧。

一技之長最容易理解，會特定技能、會寫程式、會外國語這些就是所謂一技之長；另一種人雖然可能沒有一技之長，但是往往因為在那個位置待太久了，或是因為非常熟悉某些事情的歷史演進而變得不可或缺。可能所有文件都是他整理的、老闆的時間都是他在安排的，一但老闆失去這個人之後，可能所有文件都再也找不到了。這讓他可以安穩地在公司中存活著。

但有趣的事情在於，「一技之長」或是「不可或缺」這遊戲雖然能讓你地位穩固，又不能玩過了頭。

你若目前工作做得不錯、人也很好、做事也踏實，老闆或許覺得可以給一個更大的舞台發揮。可是要給大舞台時，任何老闆一定會想兩件事情，一個是剛剛講的這個人能不能承擔起新工作，另一個更現實的問題是，那他現在的工作之後要給誰做呢？

有人為了創造不可或缺性，會刻意把手上的工作透明度弄低，所有東西都放在他腦袋裡、所有事情該怎麼辦也只能靠他的經驗。就算老闆

刻意用職權想了解他的工作，他搞不好也故意含糊其詞。這種心態不難理解。人會想把水弄混，就是要求生存、就是怕人取代、就是想因此讓別人無法輕易接手他的工作。尤其當他負責的業務很重要時，什麼資料都不揭露，更是沒人敢動他。

這當然不失為一個謀略。就人性的角度來看，我不覺得有什麼錯。唯一的問題在於，別人不敢輕易動或許短期而言是好事，但是反過來說，不敢動也意味著別人不敢升。不然在沒有配套措施下，一旦升了此人，他現有的工作就留了個洞。你說老闆該怎麼辦呢？這種洞，輕者所有跟你有業務合作的人都會困擾；重者，當關鍵工作沒人做時，公司搞不好會出大紕漏。為了風險考量，老闆自然傾向把人留在原位了。

結果呢，原來確保自己不可或缺是為求生存的手段，一旦做太過頭，也可能反而被這樣的計謀拖累，這可就得不償失了。

最好的做法是在一個新位置上時，就開始考慮培養自己這職位的接班人，並把交接傳承的規劃定明確，資料的存放位置都講清楚。有人或許會害怕這種作法會害到自己，讓自己的被取代性變高。但我的認知來看這其實是不太可能發生。因為幾乎老闆需要的，都是能幫助公司

降低風險的人，一個人若能把事情都想得周到、看得遠、顧慮的清晰，他的重要性其實只會增加不會減少。職位常常只是一個過程，尤其當你日後回頭看時，更會發現沒有什麼職位是需要小心保護的。

2-2 ｜沒有什麼不用付出代價（上）

周末跟一位朋友吃飯，席間他提出了一個生涯問題跟我商談。他談到最近有升遷的機會，可是他卻很猶豫，甚至考慮是否應該把它推掉。我不太懂有升遷機會為何要推掉，好奇問道：「為什麼要推掉？你不是期待升遷一段時間了？現在機會真的出現時，你反而要推掉？」

他面露猶豫的回答：「是，我是期待升職很久了。可是，我覺得這實在不是一個好缺。」

我有點聽不懂，於是反問他：「怎麼說不是好缺？以你的年紀而言，升職應該都是好事啊？你會不會想太多了？」

他看我一眼，接著開口：「你也知道我公司的狀態……」

他公司的狀態我聽過幾次也大概了解。這位小老弟在一間系統整合的軟體公司當工程師，平時聽他抱怨老闆、抱怨客戶，也知道他們跟業務部門關係很緊張。因為公司很業務導向，能接案子回來就是好，所以業務聲音常常比較大。加上業務部門有業績壓力，不免會接些很難收尾的案子，也有過度承諾的傾向。但老闆因為仰賴頭款的現金，雖然知道某些狀況不太合理，但除非很誇張，否則是睜隻眼閉隻眼。

他因為一直是底層的開發工程師，對這類事情當然大部分時間是不能做什麼。但他又老覺得自己的主管應該據理力爭，不能老是讓大家吃虧，所以常發豪語，說自己要是哪天當主管，要怎麼樣力圖改善。低潮時又會說自己想轉職去個制度更好的公司。我都跟他說：「這樣的狀況恐怕到哪裡都一樣的，能為公司帶來現金流的就是講話最大聲的。」但他還是老覺得生氣，也認為這不公平。

我一聽他終於有個升遷機會，其實是很替他高興的，不過看他自己反而縮起來不想動，除了好笑、更覺得不以為然。他開口：「現在我們正在進行 XX 單位的案子，那種公家單位的承辦人很囉唆，又不是很懂電腦，解釋半天也聽不懂，加上很多事情之前都沒講清楚，我若冒出頭去當負責人，這很危險的啊！」

我繼續問道：「但你不是一直覺得部門許多事情你很詬病？對於跟業務單位銜接流程也不以為然？不是老想自己有能力時可以改變嗎？現在若有個頭銜護身，不就可以名正言順的試試看你的理念了？」

他有點憤憤不平地回應：「對，你講的是沒錯，可是我總覺得這是陷阱耶。老闆應該是覺得現在這客戶會難對付，而且他自己不想跟業務

部門衝突，所以才想多拉我這個人上來幫他擋著。這種爛缺我可不想接！現在我寫程式寫得好好的，幹嘛幫他擦屁股。我又不是棋子，幹嘛這樣任他擺布？」

我皺眉。

一方面是有點不能理解這思維，試圖要從他的角度理解，一方面也真的對這說法不以為然。我稍微沉思了一兩秒，緩慢地開口：「你覺得這是陷阱啊？」我試著表達另一層面的看法，「可是我覺得你老闆這樣做是很自然的一件事情耶？這應該沒有什麼擺布與操弄在其中。唔……或許有你想的那些奸巧之處，但那又如何呢？從我的經驗來看，往上爬從來就不是什麼簡單的過程。你想想，如果今天沒有難處，他幹嘛需要多一個管理職？如果沒有狗屁倒灶的事情，客戶完全任他擺布，業務部門又賺錢又不惹開發部生氣。這中間若都不需要有人協調、磨合、溝通、甚至扮黑臉，那他幹嘛多付你錢讓你升遷？」我繼續說道：「所有升遷，其實都不會讓你更好混，一定是有更大的難處與挑戰在後面。但你換個角度想想，這不也是一種肯定嗎？你們部門有七八個人，他為什麼選你而非其他人呢？」

他抗議道：「或許他覺得我平常抱怨太多了？想整我？」

我笑著回應：「我猜你老闆應該沒這閒情逸致整你。如果我是你，我根本不會去想這是陷阱或危機。我唯一看到的是機會。」

他茫然地看著我。

我繼續說：「機會有兩個層面。一個層面是他能從七八個人之中看中你並選上，這表示你在能力上是受他肯定的；另一個層面呢，如果這是個難搞的位置，但你能處理融洽並活下來，那就可以更上一層樓了。就算退一百步，你最後沒能撐下來，你其實也會得到幾樣東西。」我一邊用手指計數一邊說：「升職至少可能讓薪水稍微增加。再來，無論這工作是得去吵架、去幹旋、或甚至可以嘗試你的理念，都是不同的工作經歷。而有個主管職經驗，就長期來看也是不錯的經歷。不管你要長期待在那裡，或是要換工作，都將有個比你其他同事更好些的履歷」我慢慢的強調：「你太在意公平不公平這檔事了。我覺得整天討論公平不公平的人最傷腦筋了。因為天下根本沒有公不公平的問題，只有你有沒有利用價值的問題。任何老闆找你來，本來就是希望你解決問題。一定是危機四伏或是需要你來建立制度、馴服別

人、排除困難、或出外打仗，才會給你大位。不然你以為會有什麼老闆是自己先把事情都安排妥當了，然後搬八頂轎子請你來當官享福嗎？」我拍拍他肩膀：「你不用忿忿不平，也應該更正面思考，我猜他 99% 是希望你最終能解決問題，並留在那個位置。你若失敗，對他其實更麻煩。因為過程中，你可能捅個婁子；就算沒捅婁子，你待不下去要換別人，他也一樣很棘手。他的賭注成本遠高於你，所以我不相信他想刻意害你，因為害你對他可是一點好處都沒有。」

我又繼續：「真的，我是覺得無論如何你都該試試看。能留下表示你厲害，也表示你平常認為的理念是可行的。這是好事。就算你無法留下，被其他人幹掉了，這單純只是證明你還沒準備好，也證明你的那些觀點不完全可行。但那也沒關係啊，你又不是多老，調整觀念與想法，總是有可能再有一次機會的。人是不可能完全準備好才踏出第一步。重點不是等自己準備好，搞不好根本沒有那一天，而是是否願意接受挑戰並試著解決問題。」

2-3 │ 沒有什麼不用付出代價（下）

跟那位朋友聊過後，下一次見面是大約兩個月之後的事了。

「後來你決定的如何？有承接那個新職位嗎？」，我說。

他點點頭。

「Great ！總算還是想通了嘛！」我又繼續問，「那升官的感覺如何？有什麼新的感想？」

沒想到不問還好，問了反而他開始苦著一張臉。半晌，他終於開口：「我還是不確定升遷是否是件好事。」

我心想說，是還在擔心跟老闆的關係嗎？開口問道：「還是覺得老闆居心不良？」

他倒是緩緩搖了搖頭：「我後來仔細地想過，覺得你講得沒有錯。老闆確實不會平白無故給我當個主管，升上去註定是有挑戰得面對的。我也不是真的膽小，我們這種上班族還能求什麼好運？除了中樂透，要突出大概也只有這種機會了？自然也只有一條路……就是奮力拼下

去！」

我點點頭：「這樣想就對了嘛！只是既然想通了，那還有什麼好不開心呢？怎麼又覺得升遷不好了？」

他說：我自己是希望一切低調，也希望能默默做事就好。可是覺得不管我怎麼做，這次的升遷，好像還是打亂了我的生活……」

「怎麼說呢？」，我有點不解。

他解釋：「我以前中午都跟同事一起吃飯，但自從升遷變成他們的主管後，覺得彼此疏遠了很多。雖然一起吃飯的習慣還是有，可是總覺得很多事情變得不太願意跟我說。以前我們有時候晚上出去喝酒，不免會一起抱怨老闆、罵公司的規則、笑哪個高層主管講的話。現在他們大概有顧慮，我也就有點心照不宣地不找大家一起喝酒了。」

「此外」，他停了一下又說，「之前我們喝酒，總會說哪天我們當上主管，要怎樣怎樣。哪裡要改變，要把誰砍掉，或是彼此拉拔照顧。不過等我真坐上這位置，我才發現事情沒想像的簡單。光想砍掉討厭

的人都沒辦法了。像我們很討厭的某個同事，覺得他自私自利，個性也很差。現在我升上來，他變成我部屬後，我雖然還是一樣討厭他，可是他卻是我們整個單位中唯一精通 Oracle DB 的人。要是砍了他，我大概也完了。現在不但不能砍他，反而還得小心照顧好他。別說趕走了，甚至還怕他提離職咧……」

「唉」，他大嘆一口氣。

「以前總以為爬高了可以呼風喚雨。現在才知道要待下去要把事情做好，怎麼自由度好像比當工程師時更少？」他搔搔頭，「總之，這群以前的哥兒們，有點覺得我背叛了他們。你看，這不是很慘嗎？我還沒能真的做什麼事情、老闆很可能也還在觀察我，結果之前的好同事反而先疏遠了，真的覺得有點得不償失。要是運氣不好，三個月後很可能被趕下台，那真冤枉。」

我聽了後，緩緩跟他說：「主管的頭銜其實會為你帶來一些原罪。以前跟你還是平輩的同事，現在變成你的部屬，要對你回報。很多人可能會嫉妒你，甚至不認同你，覺得你不夠格之類的，他們會對你不以為然。另外一部分人呢。你會變成他們心裡的『階級敵人』」我特別

用手在這四個字上做引號，「他們會覺得你是勞方的代言人，而他們是被剝削與壓榨的一群。雖然實際上並不一定是那樣，但一些人就是會這麼想。」

他打斷我：「沒錯！我覺得有些人確實是這樣在看我並防我。」

「對。所以這並不是你沒努力去維繫友誼，也不是你做錯什麼。但這就是人性嘛，人們覺得為何升你不升他，跟你做對，想要搞垮你；有人期待你馬上轉變一些他們不滿的東西；有人覺得會得到庇蔭。這些你其實都回應不了、做不到，尤其也千萬別想要去滿足所有這些幻想。」我話鋒一轉，「尤其是最後那一項。很多人以為你升了主管，應該馬上可以幫他們爭取福利什麼的。你尤其要小心如何去化解那樣的迷思。老闆是希望你升遷起來做事情，而不是當造反者。你若沒平衡好立場，可能一方面被老闆不信任、一方面更激起部屬的怨懟。所以，你恐怕得要在這場過程中先全盤想過你自己接下來短期與中期的方向與戰略。若自己沒有一個清晰的方向與道路，你很可能因為別人的抱怨與期待而走偏了。他們想加薪、輕鬆的工作、或是得到特權，有可能反讓你無法達成你被賦予的目標。當然，別誤會我，我並非要你以高壓的態度去壓迫同事或是欺侮誰。合理且公平的遊戲規則絕對

重要，但是你得讓他們知道你的升遷並沒辦法因此讓他們為所欲為、或得到不公平的特權。」

他有點恐慌，問道：「那我該怎麼辦？你講得真的就是我碰到的狀況。我真擔心蜜月期一過，我會變成所有人憎恨的對象。」

我沉吟了一秒：「這確實有可能發生。不過你才接沒多久，所以問題還有辦法化解。應該做的，是清楚讓大家知道你是個怎麼樣的人。或該說，你要讓大家知道你會怎麼做事與判斷，然後把這態度很明確的彰顯出來。或許那並不是你個人真正的本質，但最少你得盡快有個外在的態度與形象。你讓大家知道你喜歡什麼、討厭什麼，對於事情會怎麼處置，對於爭議你的立場在哪裡。」

「個人喜好？這樣好嗎？」

「喔，我指的不是個人喜好。部門內統一的做事標準。比方說你習慣口頭報告或紙本資料？你有哪些決策禁忌？哪些事情你願意鬆手？哪些事情你會嚴肅而且嚴厲？哪些事情重要到絕對不能違背的規則？這些東西你必須明確的揭露出來，確保大家能毫不誤會的理解。讓誰也

不能日後說，我以為我們的交情，我可以不用幹嘛幹嘛……立場鮮明好過於立場模糊。就算有人覺得不以為然、不認同、不喜歡你，但至少他知道你有堅定的立場，而不會對你有錯誤的解讀與期待。」我說：「控制別人對你的期待，是你在這階段最重要的事情。萬一有人以為你跟他是好哥們，他偷懶你會罩他，那你得清楚讓他知道這種事情不會發生。萬一有人認為你會幫他去跟老闆爭取權益，你可能也得讓他知道，爭取權益是他得自己努力的問題，而不是你升職之後自動會發生的事情。

當然，立場鮮明難免就會有人不喜歡你。但這好過最後所有人都不喜歡你。別忘了你的任務是把事情做好。但要把事情做好，就難免豎敵。但這就是一種選擇，也是必然的一部分。

當大家知道你有一套自己的原則，並以此處事時，大家反而最後會找出一個跟你和平共處的方法。這恐怕才是賴以存活必需要的東西。如果現階段你想面面俱到的討好每個人，那就會是悲劇的開始。」喝了杯水，我接著說：「你要理解大家立場的差異，別把事情過度個人化。萬一吵架或是爭執時，不要有情緒、不要自己往心裡去，唯有這樣，你才能平心靜氣地過下去。最終，你會發現一段時間後，有人能理解你的

理念、想法、與方向。這時候，你又會有一群新的同事與朋友了。」

「你還能給什麼其他建議嗎？」他又問。

我想了想：「唔……初次當上主管確實有些心態上需要轉換之處。這些心態轉換很重要，如果轉不過來很可能讓自己做得不開心，也做不出成績來。」

「好，這樣吧。」我一拍大腿，「就讓我從對你**個人**以及對你**職涯**規劃方面，各給你三個忠告。」

他點點頭。

我開始說：「關於你個人，第一點要注意的就是**寂寞**這件事情。」

他嚇一跳，喃喃自語道：「寂寞？」

我繼續：「你其實自己已經察覺到了不是嗎？如你剛剛說到的狀況就是，那些原本跟你平輩、跟你稱兄道弟的同事現在都稍微跟你畫出距

離來。」我接續著說著，「但你不能怪他們，畢竟很多事情你們開始有利害關係了。你會打他考績、決定薪資獎金，你得督促他們執行一些必要但不怎麼有趣的事情，比方說填寫報表、加班、回報進度、或是做些文書之類的工作。甚至，舊同事還可能會因為擔心被罵或工作被干擾，手上事情出了包都不讓你知道。有什麼政策不認同，也不跟你討論。因為他們覺得你不再跟他們是同一國的了。」

他苦笑一下。

我又繼續：「此外，你之後也可能會招募一些新人。這些新人更是一開始就會把你界定為是他們老闆。 他們更不一定會敞開心胸跟你來往。就算你學那些坊間教人領導的書所寫的，常常找大家吃飯、喝酒、唱歌等等的活動想凝聚團隊，大家對你很可能還是戰戰兢兢。甚至你永遠不知道大家來參加是因為真想吃喝玩樂，還是只是因為是你找他們的？很可能有人表面上玩得愉快，但私下覺得陪老闆喝酒是一種應酬與負擔呢。」我停頓一下又說，「此外，很多活動大家自然的不會再找你了。」

他挑了一下眉毛。

我看他一眼：「這不奇怪吧？就像你自己之前一定也是這樣吧？部門內如果一群人約了要去吃飯唱歌，通常沒人會刻意把老闆找來吧？畢竟沒有主管在，氣氛會輕鬆些，很多事情也可以肆無忌憚的亂聊，也不怕亂說話被老闆扣了印象分數。現在你在相反位置了，大家也會以此處理他們的社交行為。只是你自己千萬別覺得生氣或是不平。千萬別覺得大家怎麼不信任你或是不親近你了，這本來就是你在上位時的原罪。」

他點點頭。

我又繼續說：「這議題呢，將引伸到下一個你要提防與克制的個人心魔，就是**安全感**這件事。」

「有些主管會因為大家對自己防範而覺得害怕，擔心同仁背著他做些不利於他的事情，怕位置不鞏固，所以反而很用力的想多掌握資訊，或是擔心有人越級呈報什麼事情，希望大家因為害怕他來鞏固自己的位置。但我覺得安全感這東西很難外求的。你並不會因為做那些控制手段而加深自己的安全感。就像查勤的情人，只會越查勤越覺得疑神疑鬼，並越來越不心安。你反而要試著建立自己對別人的信任與信心。意思是說，雖然大家不一定會跟你交心，但只要有人能把事情做好，

你就在工作上相信他。就算他不跟你有私交，也一樣是你重要的助手或夥伴。我甚至覺得，有時候這樣反而能培養出長期合作的默契來。很多人剛好相反，只用跟自己有私交的人。這樣就很危險了！你應該先在工作上與能力上釋放對大家的信任，自然別人也會慢慢相信你，並幫你一起把事情做好。

最怕因為沒有安全感，而做出什麼讓別人厭惡的事情，或是做出非常嚴密的監控。 當然，管理或是工作上，適當的監控是必要的，但是要求過度回報或是看得太過細節就不必要了。

再來，另一個要重視的東西，是**良心**。你要以對得起自己的方式去應對別人，就算一個位置沒待穩，將來也還會有其他機會的。

他打斷我：「可是，你不是常常會提政治力這類的東西？甚至常常你部落格上的文章也常強調 PM 應該要有很高的政治力。」

「對，政治力重要，但正直也一樣重要。我強調的政治力是要你能了解自己處境，掌握環境的力量變化、了解不同利害關係人的需求與渴望，並適度的累積籌碼來跟大家交換。並不是要你遮掩問題，相反的，

你必須秉持專業與正直不要欺負你的下屬、公平地對待大家，此外工作上有問題就讓老闆知道，進度有落差就彰顯出來，前面有風險就該提醒大家。」

我強調：「不管你是什麼職位，最後都要能對得起自己。午夜夢迴，你能夠睡得好，不會覺得自己做了不公不義的事情。人嘛，難免有些小奸小惡的事情；但不要大奸大惡。對於自己的行為與價值觀，還是要有一把尺。

這也帶出接下來的，也就是從你個人職涯規劃上的三個忠告。若要在職涯上發展順遂，第一個該注意的是**透明度**這三個字。

若要能長期被信任，就得把工作的透明度做出來。所謂工作的透明度，就是真相揭露。專案不如預期，真正的進度與花費為何？後面可能有大風險，誰可能出來干擾，甚至你自己做了錯誤的決定，最好毫不隱瞞地讓老闆知道。

這是一個長期建立信任感的方法。你負責一件事情，成敗固然重要，但是能否有擔當，往往是高層主管評判你的重要關鍵。事情有時候難

以靠成敗論英雄，或是某些事情老闆本身就沒期待成功。那麼過程中的清楚明白，檢討時的論點明確，反而更能產生信賴感。所以盡量保持你工作上的透明度很重要。

再來，下一個我覺得重要的關鍵字是**忍耐力**。

你可以覺得工作無聊，暫時看不到更遠的東西而離開。但我要強調的是，不管你換去哪裡，這狀況大體是不會變的。就算找個你非常有『**愛**』的職業，裡頭也有一定比例的事情是無聊、重複、做白工、甚至全然沒有意義的。

但你若想得到最後好玩的部分，你得先活下來、忍耐無聊的部分才行。若忍不住，往往就要重頭來過；然後一次又一次得經歷相同的瓶頸。可是若你目標看得遠，是為了長期要能做自己喜歡的事情，那麼暫時的犧牲與辛苦，絕對是值得也需要的。

另一個要忍耐的，就是要忍受夾在中間的壓力。老闆有老闆的期待，部屬則有另外的需求。唯一能做的，就是把你覺得對的東西認真做到最後。講好話大家都會，執行力才是最難的。過程中你會受到責難，也可能受到大家不理解，但有時候無論你是對是錯，只有走到最後才

能證明一些事情。唯有把自己相信的價值觀建構出來，大家能清楚看到那是什麼後，狀況才會趨向穩定。

不認同你價值觀的，過程中自然會離開；認同的，看到實體出現時，更會增加他們的堅定性。少解釋、少抱怨、少敵對，忍耐著把事情做到好是最直接的證據。能做出來，就會有實績，這是慢慢累積的。

就像我寫部落格一樣。大家一開始一定不會注意到，少數注意到的必然也會好奇，心想：這人到底能寫多久？你若在這時候嚷嚷說自己很有心，誰也不會相信，但你若能一直有東西，能持續幾天寫一篇，慢慢自然別人會認同你。

你的努力最終會轉變成別人的認同度。這在職場上也是相同道理。不管你的價值觀是否人人認同，能堅持到底就會讓大家尊敬。

到此為止的幾個建議，你可能覺得是老生常談，但最後一個建議則比較違反人性，但我自己覺得很有用。就是，其實從接職位的第一天開始，你就該思索培養這個位置的**接班人**。

你要讓自己隨時能離開這個職位。你更要思考如何讓你的團隊就算沒有你隨侍在側，也能自動運轉無誤。若能做到這一點，你將保持很高的彈性，你也很有機會踏入下一個階段。」

他提問：「為什麼呢？本事都教給別人怎麼反而有很高的彈性？這樣培養可能被取代掉不是？這投資恐怕很不值得啊？」

我說：「我覺得這是你把自己定位多高的問題了……雖然這概念乍看有點違背直覺，但有效的方法很多時候都是違背直覺的。我們一般人都會覺得若讓自己的工作有另一個替代品，自己的地位不就岌岌可危了？這確實沒錯，可是同時間你其實會不斷學新東西。不管是技術上、管理知識上、流程設計上、規劃上。隨著升遷，手上資源會開始變多，比方同時有好幾個專案，你不可能每個都深入去參與，所以要規劃讓大家接手、好好思考怎麼分工，讓大家都能投入這些工作。

大家能專注於這些本來你擅長的工作，你就能把自己的位階拉高，去想怎麼防範風險、怎麼妥善設計跨專案的流程、怎麼安排人力、怎麼調度與回報。而每一樣東西設計好，你都可以安排屬下來學，自己又能空出時間去學、去想別的新東西。這樣你自己會不斷進步，而更棒的地方在於，因為你讓自己不被過去的工作綁住你的時間，你就有機

會一直想更高階的問題、也能預先為自己的下一步做規劃,這樣萬一哪天更高階的位置有缺時,你就很有機會能補上。」

我頓了一下:「可是,很多人是反過來。因為害怕自己的位置不保,所以把自己手上的工作弄得很複雜,讓別人完全搞不清楚。一方面每天只是重複做著一樣的事情,沒能學會什麼新東西;二方面當上頭有位置空缺出來時,老闆也不敢把他拉上來,這樣反而限制了自己的發展。」

我最後總結:「所以,注意寂寞、小心安全感、要有良心這三點,是我對於你個人當主管時在心態上的建議。而透明度、忍耐力、接班人,則是對於長期職涯發展要給你的建議。你若把這六點想過,並好好實踐,接下來的職場生涯應該會輕鬆很多的!」

2-4 ｜上班族該知道的祕密：功勞與苦勞的價值表

加班這件事是聚會時朋友間常常討論的話題。有人抱怨工作太多就算加班也做不完，也有人因為公司有加班文化所以明明沒事也不敢走，更有些人是希望以此輸誠，期待老闆覺得自己對工作很投入。

不過，以加班當成「我對工作很投入」的表態，並期待能因此獲得老闆的肯定，恐怕是對於「職場叢林的生態體系」有些誤解。我不否認，在常態有加班文化的組織中，確實是有些「必要」。 但這種方法始終只是苦勞，而非功勞。我看過很多人每天加班到天昏地暗，仍不受老闆認同、加薪升遷始終輪不到他，最後身心俱疲地離開組織。

這其實是一個很多上班族始終沒搞懂的祕密，就是到底資方是用什麼角度在評判「功勞」這件事情。加班通常不算什麼了不起的技能，加班人人都會。而大部分老闆看重的，往往僅是「結果」兩個字。

請記得這句話，「**在對的時間點，很輕易做到的功勞，比累得要死，但卻看不出成果的苦勞更有用。**」

下表談的是上班族如何判斷老闆為自己打幾分的檢測機制。雖然表中的內容看似有點不太公平，但這恐怕才是真相──大部分老闆表面不說，但心裡其實偷偷打分用的評量表。

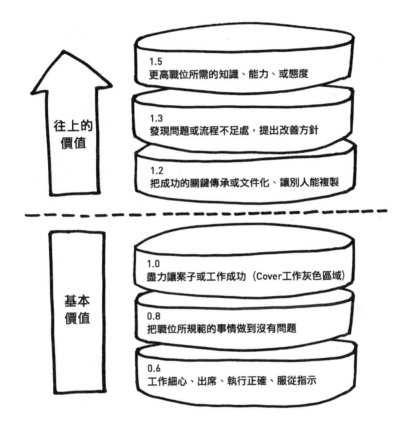

往上的
價值

1.5
更高職位所需的知識、能力、或態度

1.3
發現問題或流程不足處，提出改善方針

1.2
把成功的關鍵傳承或文件化、讓別人能複製

基本
價值

1.0
盡力讓案子或工作成功（Cover工作灰色區域）

0.8
把職位所規範的事情做到沒有問題

0.6
工作細心、出席、執行正確、服從指示

圖的中央畫了條分隔虛線，這代表老闆用此來判斷一個員工是否適任。達到虛線的，表示這員工「剛好」符合這職能以及薪水的最低條件，也意味不會被開除。

很多人（尤其新鮮人）常會以為我每天出席正常、也有把老闆交待的事情都辦完，不就是工作很適任嗎？很遺憾，這通常僅只是最下面的那一塊，也就是六十分，及格而已。他們只是照指令辦事，沒有思考指令的目的。指令沒講的就沒做，老闆若打錯字或是混亂中下的命令，明明不合常理，也悶著頭硬做。所以雖然指令執行正確，但結果可能有一大半不是老闆要的。在老闆啼笑皆非之餘，也必然不會給你高分。

但若要進一步提升，就得先了解指令背後的涵義，把事情做成老闆要的，能把職位規範要求的都確實做到，那就會有八十分左右了。

要達到一百分，可能還要有意願幫老闆注意「這職位其實該做，卻沒有寫在職務說明（Job Description）上的事情」。這在大公司也很常見，總有一些事情很重要，可是職務說明沒寫，兩個人或兩個單位推來推去。若你多做這一點，通常能解決很多潛在的管理問題，也會拉大工作結果的差異。能做到這點，你就開始能跟你隔壁的同事分出差異了。

但要更往上升遷，尤其開始進入管理職時，老闆考量的就是虛線以上的部分。你是否能把知識與流程分享給團隊？因為你要當主管，就得要活用團隊的力量，而不再是自己做而已，所以你得教出一些人。甚

至他還會考慮到，若升你，你是否能有高度，看到問題，並解決問題？甚至更好，你還能預見問題，並預防問題？這些都具備了，才會是升遷與加薪的關鍵。

你得做些老闆期待看到的工作，甚至得自己上些課，學些技能，改變自己看事情的高度與角度，才會得到好機會。這也說明了，若只是等著公司來培訓的，往往到一定位置就爬不上了。

很少公司願意把你升到管理職後才來培訓你。至於那些苦勞、委屈、還有加班這類表演表現，充其量只能讓你捧住飯碗不碎罷了。我並不是宣揚大家應該下班時間就走人，也不是告訴你加班沒用，所以不該加班。你還是可以為了責任感，把細節做足，只是你得知道，這些並不是升遷的關鍵。你若知道這些，且還加班投入時，至少之後你不會覺得受傷。因為你是做該做的事情，而不是為了分數而做某些事。

2-5 │ 如何選擇合適的產業

在某次生涯規劃的演講後，收到幾位聽眾的來信，有位問到是否該繼續留在 A 產業奮鬥，或是和朋友一樣轉到 B 產業。我覺得這是個很重要，也常被人問到的話題，我想針對產業抉擇這件事提出幾個觀點！

二〇〇〇年前後，台灣股市衝破萬點，當時讓我印象很深的一則新聞是某間證券公司掃地的阿桑領了十八個月的年終獎金。當時也常聽到台積、聯電的工程師年收入兩百萬起跳的新聞，後來聯發科、還有不久前的宏達電，他們提供的薪水和光環都令人口水直流。雖然我常在文章裡強調天賦熱情的重要，但我也不諱言，身處當紅的產業確實會帶來很棒的回報。於是有些朋友在職場上採行類似遊牧民族逐水草而居的策略，這裡沒草了，水乾了，就趕緊換個水草豐盛的地方。據說美國 Microsoft 的員工在茶水間最熱門的話題就是：你何時要去 Google（或者換成 Apple、Facebook 等等）。

上述這個策略本身很不錯，但當事人需要具備一定的能力。

好比說獨當一面的技術能力，或者掌握特定客戶的業務能力，那麼逐水草而居的策略很適合你，因為你不需要依附特定的組織，反倒很多公司都需要借助你的能力。這也是為什麼能遊走於多間當紅企業的超

級上班族，多半是具備研發能力的高階技術人員、設計師，或者某個市場的業務、行銷高手這類。想當個富裕的遊牧民族，得先有足夠的羊群（個人技能或人脈）才行。

「選擇那個產業最好」到頭來，答案還是在自己身上。不管進入哪個產業，有沒有辦法在三十五歲或者四十歲之前獨當一面，成為不靠特定組織也能運作的個體，比預測哪個產業會賺大錢要重要得多。幾個原因你參考看看：

1. 當紅產業難以預測

像王雪紅、郭台銘這樣財力雄厚、叱吒風雲的企業家，縱使他們的歷練眼界遠高於常人，都還是會把資金押注在數個不同的產業，原因很簡單，因為他們清楚知道自己看不準。我們局外人看到宏達電、富士康的成功以為是理所當然，但其實那只是他們眾多投資中的一項罷了。有錢人可以廣泛押注，而且用的是銀行或投資人的錢，但我們一般人投注的可是自己唯一的人生。只憑感覺或是媒體的分析就跳入一個「未來似乎會賺大錢」的產業，我覺得是太傻太天真了！

2. 當紅往往是暫時的

產業是瞬息萬變的，而且當紅產業的生命週期越來越短。PC 產業算是走了二十多年的榮景，你看看智慧手機吧！從第一代 iPhone 到現在功能強大卻要價不到五千台幣的紅米機才幾年？平板電腦都快要人手一台了。一個大學生「看準」某個產業的前景而決定主修科系，等到他畢業也差不多是那個產業走下坡的時候。用慢速的弓箭（專業養成）來射擊快速的子彈（產業變遷）你覺得命中率會高嗎？

3. 產業前景與個人發展未必連動

某些產業很夯，但台灣僅位於整個供應鏈的末端，並未掌控關鍵技術，縱使產業當紅，利潤卻有限，像是某些太陽能與 LED 公司便是如此。另外一種狀況，是產業本身已夕陽西下，但有技術的個人反倒鹹魚翻身。像是核能專長的人，在逐步廢核的國家反倒成為當紅炸子雞，就算明天全球所有國家都決定廢核，未來數十年也需要他們的專業才能讓核電廠安全除役。而採礦煉油的專業也有類似的情形，替代能源很夯沒錯，但真正賺到大錢的反倒是這些老派的專業。所以面對各式產業到底該如何決定？俗話說男怕入錯行，女怕嫁錯郎，我們就索性把產業當成心儀的對象，並且以結婚為前提進行思考吧！

4. 有感覺比外貌佳更重要

純粹以外貌來選伴侶會有幾個問題：一、美貌會消逝，二、久了會膩，三、永遠有更年輕貌美的。同樣地，選擇行業時金錢固然重要，但「意義」才能讓人持久並追求卓越。對於從事汽車產業的人來說，研發出更環保的交通工具、提供人類更便捷安全的移動方式、或純粹覺得汽車真是很酷，都要比單純想賺份薪水的人能做得更長久也更開心。長久和開心非常重要，因為只要做得夠久，就算冷門的產業也可能有當紅的一天，而你便有機會剛好站在浪頭，享受成果。

5. 你的優點是否是對方在意的特質

若你是個斯文又知性的文藝青年，但對方欣賞的卻是運動型的陽光男孩，恐怕也難擦出火花。每個產業都有其核心價值，有些產業強調創新與技術，具有類似特質與專業的人自然容易成為公司的中堅份子；有些產業強調管理與效率，前述那些擅長創新的人或許就不容易 100% 發揮所長，反倒善於建立制度與管理效能的人較容易受到重用。有些時候，找到自己善於發揮的環境比一味地埋頭苦幹要重要！

6. 觀察對方周圍是什麼樣的人

交友圈子往往能反映出個人，正所謂物以類聚。假如你是個崇尚戶外

活動的人，而你看中的女生交遊的都是夜店咖，那麼你或許該想想彼此是否適合。

每個產業都有各自的特色，會待下來的人也往往具備近似的特質。醫生、老師、工程師各自具備該群體特有的價值觀與生活方式，和你個人 Tone 調是否相符也是思考的重點。尋覓志同道合的「族人」是自我探索很重要的一環，工作原本就是生活的一部分，而你每天遇到的人基本上構成了你的生活，別忽略他們的重要性。

「該待在哪個產業比較好」這類問題真的不容易用 ABC 的單選題方式來回答，對產業做些分析和預測是可行的，但更關鍵的還是從自己出發，掌握自己的特質與強項，才能獲得長期的效益。總之，在徹底了解自己之前，是很難做出有意義的選擇。好比有人苦惱「郭雪芙、李毓芬、宋米秦我該選哪一個」時，我也會毫不猶豫地建議他：你該去照照鏡子先！

2-6 ｜ 35 歲前別急著當第一名，BUT⋯⋯

大考放榜時常聽到婆婆媽媽們在聊小孩子的考試結果。有天早上我在家附近的早餐店一邊等我的培根蛋和大冰紅，一邊聽一位媽媽跟老闆（也是媽媽）在聊小孩子的事。顧客媽媽似乎很惋惜，因為自己的小孩沒考上第一志願。老闆媽媽則一邊煎蛋一邊開導她，說朋友的小孩當年幸運考進建中，結果每學期都拿倒數，也是過得很不開心。

這段普通的對話，剎那間讓我陷入「那些年我們一起準備的聯考」的場景。我想只要是在台灣長大的小孩，大概都會認同，「升學考試」是整個世代一段深刻的共同記憶，這段記憶對我們人生造成的影響，既深且久，我甚至懷疑到我們退休的那一刻都不會停止。

我工作的一部分是將管理知識設計成遊戲，讓上課的同學容易吸收。在設計遊戲的過程中我得到一個體悟：任何遊戲，尤其帶有競賽性的，輸家贏家的差異往往在於有沒有抓到遊戲規則的重點。換句話說，遊戲規則就會決定玩家的思考與行為。假設把升學考試當成遊戲，我認為它很類似於我們在湯姆熊看到的滾球遊戲（Skee Ball）。

這項遊戲的玩法很簡單，就是由玩家將木球滾過球道，盡量讓球在彈跳起來之後可以落入高分的圈圈中。球無論是「準確」落到五十分的

圈圈，還是「勉強」滑進去的，都一樣是五十分。其實聯考也有一樣的評斷規則，假如某個系所錄取分數是三百五十分到四百分之間，不管你是低空達到三百五十還是以四百分的高分入榜，在這場遊戲裡都是一樣的結果，就是「錄取」兩個字。至於只有三百四十九分的人，即使只差了一分，也只能落到次一個層級。

這類以「門檻分級」定勝負的遊戲裡，獲勝關鍵是要超過期望等級的「最低門檻」，而不是在某個群體裡「相對突出」。對一個參與升學遊戲的學生來說，在班上是不是考第一名其實不要緊，重要的是有沒有達到理想學校的最低錄取門檻。在混王混仙群聚的班級，就算拿到全班第一也未必能上好學校，而資優班中說不定倒數幾名都能上台大。這也就是爸媽們希望小孩盡量考上好學校的原因。畢竟跟優秀的同學在一起，就算在班上名次不佳，但到了聯考這關，說不定還能打敗一票人。

我認為在三十五歲前以「跨越門檻」作為目標是很棒的策略！人生的上半場是吸收與學習的黃金期，盡其所能和最優秀的人一起讀書，一起工作，就算自己的表現被比下去也不用太在意，因為無形之中你已經提升了層次。

三十五歲只是概算。我的想法是人平均活七十年，三十五歲剛好過了一半。假設我二十五歲畢業退伍，到了三十五歲剛好有十年的時間（相當於中學加大學）等於完成畢業之後的「社會學程」。三十五歲前應該是個著重吸收、學習、看清方向、了解自己的孵育過程。

基於這樣的想法，三十五歲前實在不用急著當班上第一，也不用在意薪水不如同輩，反倒應該盡量把自己的能力圈和眼界擴大，甚至能超過自己的能力更好。

BUT！過了三十五歲，我們不免要問，這個「升學考試」為中心的遊戲規則還適用嗎？

答案是「不」！根據我的觀察，不少上班族之所以不快樂，很大的原因是他們拋不開「聯考心態」，也就是內心深處仍舊依循著「門檻分級」的遊戲規則。藍領的希望成為白領；在傳統產業的人嚮往「明星產業」；在小公司的期望換到「前五百大」；在本土公司的期望踏進「外商公司」。我們離開了學校多年，卻仍希望靠著努力，晉升到我們心中更高等級的公司，就像學生想進前幾志願的好學校一樣。有朝一日真正進去了，卻往往發現一切不如想像：薪資福利與工作量不成比例，

老闆豬頭、客戶難搞、同事機車。

唯一感到欣慰的是有張「閃亮的名片」，上面印了知名公司或是明星產業。爸媽可以和親友炫耀，同學面前也讓你抬頭挺胸，但每週一次的週一症候群（Monday Blue）卻狠狠地敲醒你，其實你並不快樂！你應該早就感覺到，職場和學校其實遵循著全然不同的遊戲規則。

三十五歲後的職場遊戲，其實比較像跆拳道或是拳擊比賽，而不是滾球遊戲。能在拳擊場上拿到冠軍，代表這名選手在所屬的「量級」中相對強勢，不同量級的人不會相互競爭。所以多數選手在比賽前都會節食減重，以降低自己的量級，增加自己的優勢。選民意代表也很類似，想要順利當選，就得在選區中拿到多數選票，不同選區的候選人不會競爭。所以有人幾千票選上民代，有人上萬票卻落選。總而言之，想要在這類遊戲中拔得頭籌，應該要取得區域內的「相對優勢」，而不是努力「跨越門檻」。這也正是職場的遊戲規則。

我有幾位名校MBA畢業的朋友，他們放棄麥肯錫、摩根史丹利這些一流企業的邀約，自行創業或是從事網路事業。他們告訴我，在這些一流公司，他們不過是辦公室走道上另一個哈佛小子，但是在「非

主流」領域中，他們卻能獲得極大的關注，也能取得同輩所沒有的機會和權力。

媒體報導過化工博士賣土窯雞致富，竹科工程師經營民宿有成的新聞。有些人說他們是高成低就，但我覺得是相當不錯的策略！

我個人的建議是，如果你還不到三十五歲，應該盡量測試自己的極限，以擴大未來的空間，不用太在意你在群體中是否拿第一。但如果超過三十五歲，眼前的工作又看不出明確的發展與前景時，或許應該考慮讓自己「降一個量級」，與其勉強「死守」陣地，還不如「轉進」去尋找你能夠「突出」的領域。一開始難免不習慣，因為引以為傲的門面沒有了，但不用多久你會發現，除了薪資職位以外，你獲得的資源與尊重也會增加。

「寧為蛇頭，勿為牛尾」在跆拳道和職場上都是適用的。我老爸的一個學生，建中畢業考取國立大學，卻決定進入軍校，沒幾年就獲得公費去美國深造，四十初就升上將官。我的表哥，二十多年前專科畢業，當時要當個白領不是難事，但他卻選擇進外商工廠當設備技工，他的外語能力和談吐顯然讓他在同儕中脫穎而出，多年來一

路晉升，終被拔擢為大中華區的銷售總監。

這些人怎麼看都不像「蛇頭」，反倒是該領域的「龍頭」還差不多！但相反地，也有一些人執著於「響亮招牌」，卻整天擔心自己被拿去做「牛尾湯」，其實他們都有更好的選擇，只是放不開。

所謂三十五歲只是我個人的規劃，每個人心中都該有自己的時程表。至於是不是大家都得當將軍、做總監，人生才叫做成功？當然不是，「工作」只不過是人生的一部分，家庭幸福和自我成長絕對是更重要的事。但既然我們多數人無法擺脫職場，甚至一生都得投入很大比重的時間精力在工作上，我們就該試著弄清楚這套遊戲規則，讓自己取得更有利的位置，獲得更多人生的自由。

增加自我籌碼
Increase Our
Bargaining Chips

「一個人表現優異，一個人表現平平，他們的差異與才華無關。成效其實與行為習慣及一些基本原則有關。」——彼得·杜拉克

3-1 ｜ 35 歲之前，你該知道的是……

在你看完前一篇〈35 歲前別急著當第一名，BUT……〉文章後，我在這篇則想給「社會新鮮人」一些建議。尤其當你離開學校，試了幾份工作並終於決定要在一個位置上穩定下來時，你更該好好想想下面幾件事。因為如果沒有好好在三十五歲之前，或甚至在三十歲以前打下某種基礎。那人生後段的「比賽」，你甚至連參加的機會都沒了。

1. 關於 核心職位 vs. 非核心職位

核心職位指的是在一間公司裡，對「營收」有直接幫助的位置。因為就算使用同樣技能的職缺，在不同公司裡頭，都可能因為位處核心位置與否而影響其權力大小、重視程度、加薪率、以及升遷的暢通度。

當然，你若只是想找個安穩的位置待著，三十五歲前你待在非核心的位置上，看似差異不大、薪水可能也不壞。可是就「長期競爭力」而言，你的眼界與經驗很可能會越來越不如另一個待在核心職位上的人。一旦過了三十五歲，對方進入管理圈、而你還在做同樣事情時，差異就會一年比一年增加了！這是因為任何公司中，90% 具影響力的高階職位，一定是「核心部門」的人升上去的（財務部門倒是唯一的例外，就算不是金融產業，財務部門的主管也有可能進入管理核心）。

如果上面描述讓你覺得太抽象，那我們以「設計」來舉例好了。同樣

學校畢業的設計人才，去設計公司的那位，可能一開始薪水略低，但能接觸的層面廣、周圍同樣技能的人也多，有機會不斷成長。而且設計是該領域的核心競爭力，他若在設計公司待個十年二十年，有可能當上總監、甚至公司 CEO。反過來說，若設計科系畢業卻找個工廠去當網站美工的，則有可能一開始的薪水較高，因為整個單位可能就只有一個人會用 Photoshop。可是壞處也在這裡，因為只有他自己有興趣關注設計圈的事情，所以周圍沒有可以切磋提攜的夥伴。更嚴重的問題是，在那邊做個五年十年，別說 CEO 了、甚至根本撈不到什麼管理職缺。

這就是核心職位與非核心職位上升空間的差異了。

2. 關於 深度 vs. 廣度

沒人說你一定要終生待在同產業待一輩子，但請先思考深度與廣度這件事。

深度能讓你在一個職位上扎根、往上爬、並擁有安穩感。但缺點在於，長期而言，你往其他領域（甚至同公司其他職位）的切換彈性會縮限。我給年輕的朋友一個大原則。當你在一份工作上穩定下來後，請至少

花三年的時間在位置上紮根（先有深度）。比方說提升該領域所需的
技術與學識技能、多認識那領域的人、認真投入並給別人一個正面與
積極的形象。

深度通常是你第一次升遷的關鍵。但當你開始當一個小主管後，就得
開始廣度的訓練（尤其是管理知識）。比方說學習專案管理、流程設
計、了解經營工具、 提升溝通能力、強化橫向業務的認識。 你是設計
部門，就試著往前端了解銷售與售前支援（Sale or Pre-sale）；往後則
要了解工程部門；你是工程部門、就試著往前了解設計部門、採購部門；
往後就去試著了解 QA、QC 或是客服的部門。行有餘力，繼續了解財
務、法務、總務、人事等，對你掌握一個組織運作的能力是絕對有幫
助的。

如果你能在三十五歲前培養這些經驗、選到一個上升趨勢的產業、又
能處在一個核心職位上，你就有可能比幾乎一半的同學更具競爭力了。
過了三十五歲，你則可以照前篇文章建議的：「思考到底要參加哪一
個量級的比賽」。必要時，也可以嘗試調換到不同部門（或公司）。
畢竟有時候，隨著時間演變，原本自己的部門變成了非核心部門，這
時候手上的資源也少了。趕快跳另一個部門、公司、甚至產業，恐怕

也是不得不為的行動了。

職位轉換雖然想像起來難度很高，但某些位置「社會」其實是低估轉職的難度，並在機會上提供不同的差異。比方說，有十年經驗的資深工程師要轉業務，雖然實際上是很難的；但一般人會覺得應該有可能，公司也通常會願意給你機會。

但十年經驗的業務要轉去技術部門，一般人會覺得這是不可能的，就算你有那能力，公司也未必敢給。所以選擇一個彈性大的進入點，始終是非常關鍵也重要的一件事！

另一個要提醒的是，別太早提升廣度。如果一隻腳沒站穩，卻有太多不同工作的經驗時，往往會造成後面工作的妨害。一個簡單的測試：若到三十歲以後，履歷表拿出來還沒有辦法勾劃出一個「有一貫性」的發展路徑時，你將會讓自己只剩下自行創業一條路。

3. 關於 大公司 vs. 小公司
另一個新鮮人該思考的是你想為自己累積什麼東西。

大公司提供了某種虛幻式的生涯保障，好像能有組織的學習與成長，但實際上大公司分工很細，有可能你進去三年，做的事情只是一個無聊的小事情（如不斷幫新人加保或不斷幫新人裝電腦）。若你沒有太大的工作野心，找個在上升趨勢的大公司，做些簡單的小事，機會就只能一股腦的賭在經濟產業未來的榮景上。

唯一的問題在於三十五歲後，這選擇的風險有可能越來越高，如果產業沒有爆發力、自己又還只當個小職員時，突破的機率就越來越小。畢竟大公司有能力的人多，卡位激烈、升遷並不易。

小公司則因為人少，所以若你有能力，其實很容易出頭。你若有能力，六個月到一年內就有可能掌握到足夠的資源。我每次都跟來找我抱怨自己能力不受賞識的年輕朋友建議，你若真覺得自己能力被埋沒，就去小公司試試看。如果一年內還是沒能出頭，那保證就不是沒有伯樂的問題了……

此外，小公司的工作可能凡事都得自己來。找包商，從詢價電話開始就得自己打、提需求、寫合約、看合約也是你自己、執行時監工、甚至最後廠商要請款、跟會計連絡怕也得是你。但好處在於，你若願意學，常常一下子就能把整件事情從頭到尾都摸過，個人成長性絕對較

高。而且你若辦事能力強，一下子學會且能辦得服服貼貼，老闆一定重用你。如果你真有能力，半年到一年左右必然就能出頭。

4. 關於 興趣 vs. 第二專長

再來我要提醒，年輕人不要用興趣來決定自己的工作。因為你最有興趣的，未必是客觀上最具長期發展的產業領域。你可能投入很多心血，可是社會並不給你任何回報。這一方面在經濟上打擊了自己，另一方面也消磨了自己對興趣的那份感情。

能的話，盡量把自己的第二擅長的能力當成選工作的優先考量。第二專長雖然未必是我們最喜歡的；但至少能在經濟上帶來回報。帶來回報後，拿收入繼續滋養我們的興趣，其實是風險最小的一條路。一方面提升第二專長的競爭力，也透過這樣子繼續滋養你的第一專長。就算第二專長的選擇不成功，還能退一步繼續用興趣與熱情，去開拓另一條路。這也是增加自己彈性的一種做法，也是一種人生層面的風險管理！

5. 關於 人多 vs. 人少

上面給的建議，大部分都是建立在既有規則上的出牌原則。可是要提醒的是，當你走在人多的地方，其實就很難在地上撿到黃金了。找一

條能累積深度、有前景、培養自己多方能力的路，才是下一時代勝負的關鍵。

聽我這樣講，有人可能質疑，選擇有這麼好找嗎？我的感覺是，時代是一直輪替的。當過去十年大家一窩蜂讀大學研究所時，技術性的人才其實已經日漸缺乏。最近一些被廣泛報導（或檯面上）成功的人，如吳寶春、阿基師、九把刀等，做的並非一定要高學歷、花很多錢上課、或非天縱奇才不可的事情。只要有夢想、願意投入時間、堅持不放棄，就算你我也有可能做得到。

只是他們選擇跟別人略微不同的路、嘗試不同於傳統的運作模式、加上認真、投入、以及付諸時間，最後就成為一個頂端的星星。

我相信這社會還是會對願意投入的人提供充分的養分。唯一在於，你想怎麼去爭取。但肯定的事情是，若你只是想跟著別人屁股後面走，就很難突然跑到前頭去。給自己正面觀點，並嘗試不同的路線，恐怕才是年輕人應該嘗試的路。（也請參考本書 P.144 〈要收穫，就別灌溉雜草〉）

結論

環顧四周，有人混得好、有人混得差。不要極端的把別人混的好與壞都歸咎於運氣；同樣的，也不用消極認為是因為別人天賦比我們好。

選擇的路線其實一樣重要。

有些路線真的比較好走，你能取得較大的槓桿；順風的路，輕鬆划槳也能一帆風順，是所謂事半功倍。但有些路真的崎嶇得多，很難取得勝利所需的資源；逆風行駛，用力划船都可能翻船，是所謂的事倍功半。

到底什麼策略適合自己？其實是年輕人應該在畢業後的三年內，好好思考，並付諸實行！

3-2 │ 第一份工作的出頭捷徑

在〈35 歲之前，你該知道的是……〉之後，我想談談職場新鮮人該怎麼在第一份工作上迅速被注意到的「捷徑」。

沒錯，當個上班族其實還是有「捷徑」的。不過要先說的是，這並非是證照這類東西。過去十年來，大家都在炒作證照；好似你學歷不好、花點小錢補個證照就可以前途光明似的。一些私立大學也多鼓勵同學去考證照，畢業時手上十幾二十張證照的大有其人；讓一些小朋友誤以為自己多考些證照，就能一帆風順了。

但我得說，那概念實際是錯的。證照不過只是一張「門票」，讓你在求職的第一關，也就是「履歷篩選」時不至於被刷掉罷了。但能否「通過面試」、能否在一個單位「待下來」、甚至能否「出人頭地」，其實關聯就不大了。等進了公司，老闆才不會管你跟隔壁那位同時進來的同事誰的證照多；事實上也不太可能記得。像我當主管時，我常常連屬下是什麼學校畢業的都記不得。當然，某些比較保守的單位可能還是會看學歷證照來決定升遷，但這也僅在兩人能力極度接近時。

如果能力天差地遠，學歷的要素在這時代恐怕也將越來越低了。
我在前一篇提到，三十五歲前要想辦法晉升管理職。對大部分人而言，

第一次的升遷通常是最難的。有什麼捷徑能讓這件事情更簡單呢？我的答案是：「有」而且還不太難。大部分人的第一份工作，若能把握幾個重點，可以很輕易地凸顯自己在工作崗位上的價值。

奇怪的事情在於，發現這捷徑的人少之又少。主要是這幾項技能學校幾乎都不教，以至於大部分人根本不會、也沒想過。甚至扭曲的以為，學校學的本職知識、或是學校推薦考的證照，就是自己的強項；或是以為沒天沒日加班才是輸誠。結果完全是誤會一場，這些其實很難凸顯你跟隔壁的同事差異。所以我想分享三件我覺得任何上班族都該會的東西。只要是白領相關的工作，不管是銀行員還是工程師，這三件事情如果能在學校就先把基礎打好，你在第一或第二年的工作階段，可能會比其他同學來得平順，會更快卡到一個好位置。

Excel

Excel 可說是目前一般上班族最需要熟悉的一項能力。除非你在生產線或外勤單位，如果是有配發電腦的工作，這項能力是新鮮人一定要會的技能。甚至講的極端些，處在小公司的人，Excel 將最能凸顯你與其他人的差異。

無論怎麼樣的內業工作，都需要製作表單。資料整理、預算、進度表、分析表單、在庫數額，這工具其實廣泛應用在各產業中。是一般公司普遍用來處理複雜資訊問題的第一步（Excel 無法解決的才會試著找別的解決方案）。 換言之，若熟 Excel，你將有能力簡單且清楚地呈現複雜的資訊，無論是表格形式、或是圖形式、甚至做進一步的分析。可是新鮮人對這部分的訓練實在缺乏，先別談樞紐分析、或是製作公式這類進階的運用。很多人根本沒思考過，表單製作的目的到底是什麼。

我前幾個月去一所大學的研究所幫忙評鑑畢業生的專題報告，同學很明顯缺乏這方面的訓練。比方說，表單沒有名稱，讓人不知道這表單到底是什麼；表單沒有製作日期不清楚他們假設的時間區段；金額沒有千分位符號、或沒有 $ 的符號、或沒對齊，讓人難以閱讀。這些看似好像我在吹毛求疵，其實都是專業與否的基本。

表單的製作目的，就是希望自己不親自出現（或不用開口），別人也能清楚讀懂。這在作報表給老闆或是其他上級長官時尤其重要。如果有能力把複雜的資訊轉換成清楚易讀的表單格式，讓別人輕鬆讀懂，就讓自己無需跟每個人解釋內容是什麼了，而省下的時間，就能做更多事情、達到更多成果，也是一種良性循環。

所以，通常若在學的同學問我「畢業前要學什麼技能」時，我會強烈建議他要有以 Excel 處理資料數據的能力。這包含設計一個清楚易讀的表單，包含了標題、日期、加總、正確的數字呈現格式、正確的符號、正確的縮排、以及合適列印的寬度等。能的話，買本 Excel 的書，從頭到尾讀過一遍，其實是很有幫助的。

當然，這只是基本，更重要的是該學習使用公式、樞紐分析、甚至能使用巨集、寫簡單的 VBA。當老闆需要你做出某種分析，Excel 的眾多功能會幫助你很快地透過這些方法解決。

一來你能快速回應老闆的需求，也避免不必要的加班。有些分析如果以人工處理很繁瑣，例如把好幾分 Excel 不同欄位的資料組合、加總、分類、然後變成一份新的，但若你會這些功能，其實能更快地處理問題。試想想，同樣一份資料整理的工作，你的同事需要花兩天，你卻只需要兩小時且正確無誤，誰會在老闆心裡留下好印象呢？

關於報告

所謂的報告，可不是寫論文時的研究方法、統計手法之類的；指的是純粹工作上所需要撰寫的報告，包含 Email、會議記錄、商業書信、進

度報告、規格書、合約、提案書、或商業計畫等。我之前在加拿大時，雖然念的是工程，可是學校有開特別一堂「必修課」叫做技術文件撰寫（Technical Writing）。

課程內容從規格書、短篇報告、長篇報告、分析報告、簡報、提案書、甚至寫履歷都有教。但這麼重要的東西，台灣學校五花八門的科系好像從來都不開，這也造成大部分畢業生，幾乎沒有撰寫報告（以及商業信函）的能力。

這東西為何很重要？大部分的人，光是把一件事情的來龍去脈講清楚就很難了。但更多人的問題在於：他們絲毫不覺得應該把心裡想的東西寫出來。他們想說，我就當面報告，或是老闆有問就再講就好，幹嘛浪費時間寫任何東西呢？這其實是把自己放在一個危險的位置。你不說，別人以為狀況順利。 等到老闆一問，發現好像走偏時，他會怪你怎麼沒提早說，你其實就立刻黑掉了。再不然就是老闆或是長官答應了某些事情，可是缺乏文字確認下，當對方忘記（或翻案）時，自己只能啞巴吃黃蓮。或是你雖然在某些事情上思慮周延，可是沒清楚把自己想法傳遞給其他成員或是主管，造成執行方向不一。

這些都是文字能加以預防，盡量把工作的狀況以文字方式寫下來。如果要跟老闆討論複雜的議題，一定要先提供文字的版本。一來能讓討論聚焦，二來透過文字清楚寫下，自己也能重新思考自己的觀點。本來看似簡單的觀念，當你得透過文字寫下來時，就得重新整理過，確定自己真的清楚認知。

檔案整理力

開始工作後，你會發現有很多檔案是需要重複使用，甚至日後別人會來跟你索取的。所以若從工作開始的第一年，就建立一個自己好管理的電腦檔案管理術，將是很有用的技能。

這包含了設計目錄結構、存放方式、命名方式、版本控制、以及備份機制。你若有一個自己的邏輯，你的檔案就會好找、不會丟失、並能隨時取得。這尤其會影響緊急時刻老闆對你的觀感。比方說，老闆要找某個之前別人傳來的規格表。你若翻箱倒櫃後，兩手一攤說我的找不到了。那他恐怕會很失望，甚至惱怒吧？

若換個情境，老闆來問你一年前某個客戶針對合約某項條文為何那樣

簽訂。你能在十幾二十分內，從你電腦中找出相關的檔案並告知幾個版本的變遷原因時，你想想自己又能如何讓老闆刮目相看？

結論

大家看了可能會好奇，這些事情都很簡單啊，真的是捷徑嗎？

試想想，在第一份工作時，大部分的人跟你可能畢業於差不多的學校、本職學能接近、有類似數量的證照，都是第一份工作，彼此對產業認知其實差不多，在這時期要用本職知識打敗他們，其實是很難的。 但你卻在這三點上多用心，在每次辦公室裡頭的混亂都能全身而退，甚至讓老闆認同。那你說第一次的晉升，會落在誰身上呢？

3-3 │ 向上管理的五個原則

會覺得應付主管很辛苦的人，通常都是被動等待的類型。實際上，若你願意花些時間認識你的主管，化被動為主動，其實事情會變好很多的。在此分享五個與主管相處的原則。內容都不難，算是非常 80/20 法則的管理概念，花些小力氣，卻能得到不錯的效用！

原則一 了解老闆的目標

每個人都有工作目標。你有被賦予的目標要達到，主管也有。如果主管是公司經營者，他會在意獲利、營收、客戶關係等事項；如果你的主管是中高階主管，他則可能在意業績、KPI、或更高層老闆的觀感。

工作時，不能埋頭於自己被交付的事項，要跳高一層，想想這件事情跟你主管的目標關聯性。如果跟他某個目標關聯性極高，這些工作恐怕不能 Delay，若分析後發現跟他的目標關聯度很低，你也就知道就算稍微晚個一兩天或許也沒人會來罵你。

再來，當專案必須取捨時，可以根據他的目標來決定。老闆若很在意上市時間，你就不用笨到跟他協商是否能延後專案一個月這種事；但若你提議的是加人或是外包，就比較有討論的空間。這可避免激怒老闆，甚至讓他覺得你很白目。

換句話說，在面對問題時，除了考慮自己被指派的目標外，還要考慮主管要什麼、在意什麼、害怕什麼。你的專案能否達成對他有多少影響？如果你的工作成果跟他的目標有很直接的連動，你就比較能跟他同一戰線的討論、並較容易得到援助。但如果你的目標未必能幫到他時，你就得重新思考與調整策略，否則只能盡量靠自己啦！

則二 了解你老闆的溝通模式

好的管理者，尤其要向上管理時，必須清楚你的主管擅長的「資訊接受方式」。這能讓你提出的東西，更容易被他理解，自然也容易獲取他的看法與意見，進而得到他的認同。這是我們跟隨一個主管時，要盡快摸索出來的。這其實是有心理學的論證基礎的。每個人性格與成長環境不同，培養出跟世界接觸的核心技能會不同。有些人會仰賴視覺取得資訊（在思考時把資訊轉回成視覺訊息）、有人仰賴聽覺思考……。這造成同樣是文字、圖型資訊、話語、或是數字資訊，每個人接受的程度都有落差。你不用他習慣的方法溝通，他可能根本聽不懂。就我自己而言，對文字的接受度高於聽覺，以電話討論嚴肅的議題超過五分鐘，我其實會恍神、也會不耐。打電話跟我報告事情的人，雖然在問題解決上我未必會刻意不公正，但心情上會稍微扣分。這扣分當然很冤枉，因為對方根本沒做錯什麼事情。但既然我們是人，就

很難避免這類人性的偏誤出現在日常生活中。在報告與討論議題時，最好優先想想對方偏好的溝通模式。最好的方法，就是了解主管的性格，並讓他們「最輕鬆」的取得我們想報告的訊息。

原則三 了解老闆的作息

另一個也跟人性有關的議題，在於考量老闆因為作息時間所產生的情緒偏誤。前段提到，凡是人就有喜怒哀樂，也可能因為情緒而做出不理性的決策。既然如此，趨吉避凶的方式，就是避免在一些「可能會提高否決率」的時間找主管談事情甚至提案。

以我的經驗顯示，有人在午休後脾氣明顯不太好。在談一些會讓情緒更差的事情時，我會盡量避開這段時間。但反過來，也有些主管喜歡你在特定時段跟他討論議題，最好也加以配合。畢竟，這都是一種讓事情順利的方法。我自己在第一份工作學到的另一個重要的技巧，就是盡量跟老闆的秘書打好關係。一來你可以聽到一些小道消息，比方說跟老婆吵架、小孩生病，這對於「趨吉避凶」絕對很有益，二來，你在進入老闆房間前，可以多取得一些資訊。

我在進入他的辦公室前，會先跟秘書聊兩句：「老闆心情如何？對報

告有說什麼嗎？」雖然通常秘書可能不知道，但少部分時間秘書會聽到一些老闆的自言自語，這時候就很有幫助。就算早兩分鐘知道老闆暴怒，也好過當場被問得目瞪口呆。主動找老闆談專案狀況、甚至要求加薪，老闆情緒的拿捏就更顯得重要。談重要議題時，一定要找主管情緒平穩且有充分時間的時段，否則很可能得不到你要的訴求，還會一下就被趕出來。

原則四　了解老闆的管理風格

不同的管理風格，會影響到人對於資訊接收的態度與判定結果。重點就是：不要用你的認知來決定反應事情的「時機」、「多寡」、以及「決策權限」。有人可能覺得既然老闆把工作交代給我，那我交期最後一天報告就好。中間有什麼問題我自己解決就好，畢竟那是我的責任。但這對某些老闆而言是大忌。他可能希望你大事小事充分回報，甚至有些老闆還希望你每天下班前要寫日報。這種潛規則通常不可能白紙黑字的寫成規章。但為了存活，你得想辦法了解，不然就常常會死得不明不白。建議到一個新地方、面對新主管，先走最高規格。先假設他什麼都需要掌握，盡量立刻讓他知道所有重要的事情。如果他是「真的」願意授權，幾次之後你會慢慢知道，就可以減少或拉長資訊提供。千萬不要立刻假設「我有權限」而覺得事情不用揭露，這常常就是信

任喪失的起點了！

原則五 了解你的角色定位

請記得，無論你的職稱是什麼，都不一定表示你真的在扮演那個角色。有時候，任何職位都免不了要做一些職掌內容以外的事情。這狀況看似奇怪、不太對勁，但不表示你需要批評與衝撞。老闆通常不喜歡你公開批評幾樣事情：管理風格、決策、組織、還有他所主導的方向等議題。雖然大家都看過很多描寫豬頭老闆的故事，但放膽批評之前，先想想，大部分能擔主管職，未必是皇親國戚或待得夠久，多少有他過人之處。世上的豬頭其實沒有這麼多，在全盤了解狀況前，最好少開口、多做事。如果工作內容跟職掌內容遠到你完全不能接受時怎麼辦？我覺得這反而簡單，直接換個你可以接受的地方就好。但請有心理準備，別的地方未必沒有這類鳥事，通常只是多寡問題。

不管職稱、職掌內容是什麼，我們在老闆心裡的定位其實是「能解決問題的人」。如果不能幫他解決問題，不管你自認有什麼能力，都不算數、也不重要。能解決他的疑難雜症，職稱、薪水、權限、反而好商量。所以，多思考如何讓自己成為解決問題的人，而非拘泥表面職稱與職責，才能開拓出一條更順暢的職場之路！

3-4 | 新手主管該知道的五件事

上一篇談了如何向上管理，這篇則談談當你當上主管時前三個月的準備工作。

大部分的人在初入職場時，憑藉的是最早在學校所獲得的本科能力。也因為本科能力發展得好，所以某一天終於被拉拔為小主管。

可是成為小主管後，大家往往發現工作變困難了！因為過去所學以及工作經驗，都著重在本質技能上的培養。很少人在當主管前就受過管理訓練，更糟糕的是，很多唸工程或特別技術出身的朋友常常不擅長處理人的問題。可是當上小主管立刻要面對的，就是如何滿足老闆的期待、如何調度原來是你的同事但現在變成你部屬的那一群人。

所以在當上一個小主管的前幾個月，你就得好好規劃下面這五件事情：

第一件事 了解老闆的目標

如前一篇提到，老闆的目標會影響到你怎麼在工作上配合，也才能在最短的時間內做出績效。最好在上任後（更理想是上任前）找你的老闆聊聊，搞清楚他對你這職位的定位是什麼，並以此規畫上任後的行事方向。

最忌諱的，是閉著眼睛做些自以為是的事情。比方說，你的興趣可能是想鑽研高深的技術，也希望建立一個能研發新技術的團隊。客觀而言，任何公司都能受惠於一個技術能力強大的團隊，所以這目標絕對不會是錯的。可是當你跟老闆訪談後，發現他目前最傷腦筋的平常開新專案時，不知道該派誰支援。那你的首要工作，就不是花時間研究新技術，而是盤點內部人員的能力，讓老闆清楚知道下面成員目前的工作安排以及未來的空閒時間。

第二件事 要把自我原則先建立好

升遷後，你跟原本同事的關係必須要重新塑造。原本工作的方式，隨著你變成了主管，大家可能都在揣摩該如何重新配合。所以為了降低部屬對你的不安，你應該盡快讓大家知道你的習慣作法。

有些事情雖然得配合公司政策，比方說打卡、填工時單、或是請購流程等你很難調整；但有些事情完全是主管的權責範圍，比方說你想怎麼知道大家的工作進度？口頭匯報？寫 Email ？開週會？再來，當你分配工作時，你的方式是什麼？召集大家在會議上分配工作？一個個叫來討論？透過 Email 指示？其他還包含碰到問題多快該反映讓你知道，哪些問題該問你、哪些問題該自己解決，你能提供哪些協助、哪

些時間點是該拿出來討論。

總而言之，要讓大家清楚知道你的習慣方法。當部屬了解你的管理風格還有運作方式，自然就清楚自己該怎麼配合。最糟糕的，是自己沒想過這些事情，但每次碰到狀況就胡亂斥責或是生氣。可是當事人卻覺得被責備的莫名其妙，那就可能打擊士氣並讓別人無所適從了。

第三件事　要有安全感

你升遷後，跟原來同事的關係通常很難保持如過去，過去你們可能一起午飯、一起罵老闆不是。但現在你變成主管，就算大家還是一起午飯、一起喝酒，你會發現氣氛變得不太一樣。大家開始對你有所顧慮，也可能私下聚會從此不找你了。這時候，你該保持自信，而非千方百計的要加入聚會、甚至想知道所有他們談論的話題。

升遷不可避免會改變人與人的互動關係，但只要你長期保持同一個自己，等彼此都調適好後，還是能以另一種模式經營過去的友情。重點在於不要急，讓彼此先沉澱，自然會找到另一種相處模式。

第四件事 要習慣分配工作

技術出身的主管常碰到一個問題是，就算升遷了仍把自己定位成工程師。老闆交代工作時，會習慣想自己該怎麼做。也因為自己技術能力最強或最資深才被升遷，所以面對困難工作時很自然會覺得「這工作整個部門只有我有能力完成」、或覺得「這工作交給其他人真不放心」。另一個新手主管常碰到的困擾，是不好意思指派工作。組員都是老同事老朋友，升遷後突然要交代大家負責特定工作，不知道怎麼開口。最後默默地自己做，造成新手主管自己累得要死，可是組員涼得要命的問題。

這在長期而言，其實是不對的方法。能力不夠的組員，我們要想辦法幫他提升能力，不然他們能力永遠是那樣，單位的戰力也將永遠不足。自己多做一些，不要麻煩別人，雖然這是好心，可是若技術工作佔了你大部分的時間，你就沒心思與力氣去做管理工作。而後者是你的組員無法替代你的，也是你的老闆主要希望你負責的。若你無法把技術工作分配下去，你就很可能什麼事情都做不好。

就算覺得尷尬，或是自己做更快，還是要花時間規畫把工作切小，分給同事，並在過程中有效的監控大家的工作進度。設計微調你的管理

機制在一開始或許會花時間，但若成功，後期你就能提升效率。

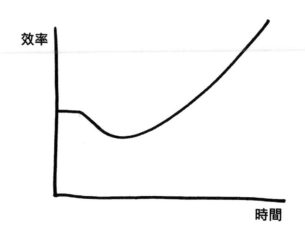

上圖，要把工作分出去，有可能短時間效率會大幅低落。可是若你能忍過這段時間，當你自己的管理能力成熟後，團隊效率絕對會比你一個人來得高。

第五件事 有問題不要隱忍

台灣人的教育，總是教我們盡量不要跟大家衝突、多體諒別人，所以大部分的人初當上主管時，會在與組員意見相左時選擇隱忍。心想過段時間，問題自然就會解決，「大家將來總會理解我的」。

可是你若覺得有些事情做得不到位、有些該繳的報表沒做好、有些問題沒有及時反應、或是組員工作態度不好，其實你應該趕快讓當事人知道。不然在當事人不清楚的情況下，可能會反覆犯類似錯誤。

隱忍的另一個問題在於，大部分人忍幾次後，會某一天突然爆發，並做出激烈反應。而隱忍太久的發作，對方可能會覺得莫名其妙。你認為不好的做事方式，當事人可能並沒有意識，最後突然的爆發，也沒辦法讓對方理解自己哪裡做錯。

其實只要你察覺組員做出不符合你期待的事情，最好立刻找來私下溝通。可以在辦公室或咖啡廳，邊喝咖啡邊談談你覺得可以改善的部分。畢竟很多工作方式並不涉及對錯問題，而是習慣與配合方式的問題。只要你願意花時間溝通，讓大家都知道你要的方向，慢慢大家就能調整。重點在於立刻、清楚明白、以及就事論事！

3-5 ｜影響老闆其實超簡單

開始本文前，請先做個測驗：在心中默念「木蘭花」二十一次：

木蘭花、木蘭花、木蘭花……

好，請告訴我，「精忠報國」的是誰？

答案當然是岳飛，你該不會回答「花木蘭」吧？

好啦，我知道這是老梗了！記得當年我被我同學愚弄後（是的，我回答精忠報國花木蘭），馬上興奮地去騙別人，真的十個有九個都被拐，除了帶來歡笑外也讓我對背後的原因產生興趣。

人類真的是非常社會化的動物。「和他人互動」這件事會對我們的思考和行為都帶來極大的影響，稍微在言語上誘導，岳飛跟花木蘭就都分不清了。而且有些互動根本不需要言語，不信你試試找天在鬧區，一語不發抬頭望向天空，不出幾分鐘你身旁就會出現好奇同伴，最後說不定還聚集了一大群人抬頭張望，這就是心理學中的從眾效應。

另外一個例子是「黑白猜，男生女生配」的遊戲，玩過的都知道，除非很刻意地忽視對方，不然自己的頭就是會不聽使喚地順著對方的手指轉過去，好像有股無形的「力場」一樣。「人」基本上就是這樣的動物，我們活在人群裡很難不受群體影響，這是我們的天性！

政客、商人、和騙子最懂得利用這個盲點，例如在選舉造勢的場合，主持人只要訴諸悲情，就會有越來越多的人受到感染進而統一口徑。

有趣（也很可怕）的是，這些被影響的人，在當下都認為自己是出於自由意志，絲毫沒有被強迫的感受。如果你想順利地「影響」你的老闆，當然啦，我們是指好的影響，一定要先了解上述的例子，簡單地說，就是塑造一種情境或氛圍，利用互動技巧，把你的老闆「包覆」起來，進而影響他的行為。

另外一個我們要運用的技術，則是心理學上的「一致性原理」，大意是說人們在做行為判斷時，會盡量跟自己之前的思考或言行保持一致。

昨晚剛好看到一個例子。Discovery 頻道播出一個探討人類情慾的節目，其中有段實驗挺有趣的。受試者是好幾對夫妻或情侶，分成 A 與 B 兩組，心理學家請 A 組男女各別分享他們對另一半「愛」的感覺，好比最愛對方什麼樣的特質，兩人如何由相識到相愛之類的。而 B 組成員則請他們分享「性」的經驗，好比最棒一次的經歷是如何？是在怎麼樣的情境之類的。分享完之後，兩組人分別請他們看一系列異性的照片，照片中有的是一般人，有的則是性感名模，並且要求受試者對相

片人物的吸引力來評分。但打分數其實是個幌子，實驗人員其實偷偷在記錄每位受試者眼光停留在個別相片的時間。A組（分享相愛經驗的一組）成員停留在每張異性相片的時間都差不多，但B組（分享性愛經驗的一組）則停留在裸露性感的異性相片的時間明顯很長。

這個實驗結果是什麼意思呢？它告訴我們，人的行為舉止，會跟前一刻腦子裡在想的東西產生連動，思想是光源，行為則是反射出來的影子。分享如何深愛著伴侶A組，下一刻既便出現了比基尼辣妹或性感猛男也不會心動，很快按下一張；但剛剛滿腦子巫山雲雨B組，現在看到「有料的」就會忍不住多瞄一眼。很明顯的，人的行為會「不自覺地」與前一刻的思考保持一致。

另一個「一致性」的例子則是《影響力》的作者Robert B. Cialdini在書中提到的。大意是說，實驗人員主動拜訪某社區的屋主，請求借他們的前院豎立一個「注意交通安全」的巨型告示牌，多數人都拒絕了，平均僅有17%的屋主同意。但有一組樣本卻產生極端的結果，同意的比例竟高達76%。並非這組人特別急公好義，而是實驗人員在數週前，就親自拜訪這群屋主，問他們是否願意為社區的交通安全「盡一份心力」，也提到必要時設置標語要警告駕駛。遇到這樣的情況，多數人

當然會說：「好啊，我很樂意！」，這群主動表達善意的人，被問到是否願意樹立巨型招牌，基於言行一致的原理，他們多半同意了。

我們現在已經具備兩種力量，可以影響我們周圍的人。一是「建立情境」的力量，想想「花木蘭」；第二則是「一致性」的力量，想想「告示牌」。將這兩種力量合併會產生厲害的效果，很多當過父母的人都知道以下這招！

家中第二個孩子出生後，有些老大會有失寵吃醋的感覺，甚至偷偷欺負老二出氣。很多聰明媽媽在老二出生前，都會營造一種「你要當哥哥（姊姊）囉」的氛圍，甚至直接把稱呼改成「葛格」、「解結」，讓老大感受到自己身為老大的驕傲和責任。有時候媽媽還會問老大：「你以後會不會好好照顧妹妹呀？」老大這時候都會說：「好！」這個「一致性」的力量就開始運作了。

鋪了這麼長的梗，到底要怎麼給老闆洗腦呢？就拿常見的「加班問題」來說好了。如果你以為要老闆跟著你念二十一次「不要加班、不要加班」老闆就會被洗腦，那就太天真啦！上面的例子都有一個共同點，一定要當事人「自願」融入那個情境才行，用強迫是不行的。既然多

數老闆都很強調「績效」，我們就該用績效來切入，我自己的實際作法是這樣的：

我在紐約擔任顧問時，上司是個能力非常強的工作狂，她每天七點進辦公室，常待到晚上十一點，這種工作時數我怎麼可能跟進？所以每次她交辦事情給我，我會先大概消化一下，擬定計畫，如果是小事，我就直接開一個期限給她，好比星期幾的下午交到妳桌上之類的。如果事情比較複雜，我就會切分成幾個段落，並且告訴她每個段落的期限，我甚至會用 Email 告知進度。

有些上班族被老闆押一個期限時都會很緊張，時間快到時，在走道遇到老闆都還會眼神迴避，深怕被問起進度。我的策略則是反其道而行，既然妳愛績效，我就給妳績效。不管是電梯、走道、員工餐廳、還是洗手間，只要老闆在我附近，我一定主動上前跟她報告進度。如果工作進行順利，我就會說：「妳還記得交件日嗎？妳會準時拿到報告。」

如果不是很有把握，我也會告訴她：「這工作比想像中麻煩，我盡量在期限前完成，有問題我會先跟妳講。」總之，要做到幾乎讓老闆厭煩的程度，也就是說，只要她看到我的臉，甚至背影，直覺就想到這

傢伙又要來回報進度了。

這時候，老闆已經進入我設計的情境。在情境裡，我不斷回報最新進度，簡直就跟球賽播報員一樣，她則是不斷地接收，像個聽眾。某種程度上，我在彼此的互動中建立了「力場」，掌握了主動權。

我們的辦公室原本沒有明定上班時間，有陣子天氣冷，大家越來越晚到。有天我很晚進公司，結果一進辦公室就聞到凝重空氣。一位同事告訴我，剛剛老闆來過，發現很多人還沒到，於是大發雷霆，幾個剛剛進門的倒楣鬼被罵到臭頭。於是老闆要求，除了我以外，所有人明天開始都要提早上班。

我聽到時嚇一跳，還以為同事在唬我，結果大家都說是真的，還笑我搞特權。當然啦，我後來也不敢真的去享受這莫名其妙的特權，但我還是暗爽在心裡，至少我確定老闆不會用「出勤狀況」來衡量我的表現。我想這背後的原因，就是「一致性」原理發酵了：既然老闆一向都是以成果來管理我的工作，為了保持言行一致，自然不會對我的上班時間多所限制。

當時我並不是刻意運用這些心理學的手法來「操控」我的老闆，我只

不過是照著專案管理的原則來做事罷了（里程碑法）。只是後來看了一些心理學的文章，才突然搞懂，原來這一切都是人性啊！。

你可能會覺得，時時抓著老闆回報進度，不就表示不能摸魚打混，這豈不是比加班還要累？

對，正是如此！但我們談的原本就是「如何減少加班，早點回家」，而不是「如何打混摸魚，不要被抓」。凡事都是交換與平衡。如果你希望老闆不要用下班時間來衡量你的表現，那我們自然要在別處多加把勁，在與老闆的互動中掌握主控權，也就是大家常說的「向上管理」。如果真能做到這樣，即便老闆知道你試圖幫他「洗腦」，我想也不會介意，畢竟你是有績效的，這恰好是老闆們最在意的事。

至於為什麼木蘭花要念二十一次，不是二十或二十二次？這也是心理學。研究指出，凡事只要重複二十一次就會在大腦中形成慣性，進而養成習慣。所以，要是無法順利給老闆洗腦，就自己連續加班二十一天吧！反正到時你也就習慣了。

3-6 ｜向扒手學習職場求生術

我曾經讀過一則有趣的故事，雖然講的是扒手的犯罪行為，但對我們這些在職場打滾的人還真有幾分啟發。

紐約有兩個扒手靠扒竊維生，他們的「專業技巧」不相上下，但兩人的「商業頭腦」導致他們的個人財富產生數倍的落差。

扒手 A 的策略很單純，就像一般扒手，順利得手後就把值錢的東西留下，不值錢的東西直接扔進街上垃圾桶。舉例來說，有次扒手 A 摸到了一個皮夾，裡面有八十五美金，這就是他這一場的獲利。

扒手 B 可就不一樣了。他對這門「生意」有獨到的見解與做法。某次扒手 B 從一個男人身上摸走一個皮夾，還有一只戒指。皮夾裡面僅有七十美金，而那只戒指也不是甚麼值錢貨，不過上面倒是有普林斯頓大學的印記，還有班級號碼，很明顯的是個畢業紀念品。

第二天中午，有位上班族從曼哈頓的辦公大樓下樓休息，迎面走過來一位笑容可掬的男人，輕聲對他說：「你想不想拿回你的戒指？」果然，那只戒指對這個上班族來說是極有紀念價值的東西，於是他回答：「想！」。這位笑容可掬的人，當然也就是扒手 B。

扒手 B 開價五百美金的贖金，但這上班族沒那麼多錢，身上僅有九十美金。扒手 B 也就接受了，付了錢後，這位倒楣的上班族只拿到一張紙條，打開一看，原來是某間店鋪的當票，他依照地址去了當鋪，付了八十美金贖回了戒指。

好了，我們現在來結算一下扒手 A 和 B 本次交易的獲利。扒手 A 當然是八十五元，來自於皮夾中的現鈔。至於扒手 B 共獲得：七十美金（皮夾現鈔）+ 九十美金（被害人贖金）+ 六十美金（典當金額）= 兩百二十美金，是扒手 A 獲利的兩倍有餘。我對扒竊產業沒有任何電影以外的經驗，但很顯然地，對於扒手 A 來說，每個案子中僅有現金或名貴物品是有價值的，其他東西都是廢物。但對於扒手 B 來說，有太多東西可以透過技巧轉換成實際價值，關鍵在於有沒有妥善地利用機會。兩人同樣冒了一次做壞事被抓的風險，但最終的獲利卻差很大。

這故事給上班族的啟發是，同樣花八小時在辦公室，甚至同樣領差不多的薪水，有人就是可以從中「擄獲」更多的價值。當然啦！不是要大家從廁所幹衛生紙或是偷拿茶水間的茶包這類的「價值」。其實，除了薪水之外，「上班」這檔事有太多養分供我們自由汲取，就差在你有沒有這份體悟，願不願意去獲取而已，我隨便舉幾個例子。

第一不用說，當然就是人脈，尤其是專業上的人脈。你永遠不會知道哪天你會需要某種特殊技能的人。學電腦的人想認識會計或法務？學商的人想了解生產製程？去 Facebook 頂多找到一堆美食旅遊照，但在公司裡，一個具有體溫的社群網路免費提供給你，而且各種專長的人往往被安排在同一個區域（部門）等你一網打盡，不懂利用真是太可惜了！如果未來有天你想創業，這個社群很可能比你在學校認識的同學更能帶來直接的價值。

第二，人以外最珍貴的就是「事」，也就是透過工作學得的知識和技能。尤其對初入職場的年輕人來說，我建議你不用過度抱怨薪水太低、老闆機車什麼的，而是要想「這可能是你這輩子最後一次做這樣的工作」！我退伍後第一份工作是興建辦公大樓的專案工程師，有段時間卻莫名其妙被老闆派駐偏遠地區的工廠。當時心裡很彆扭甚至萌生辭意，不過一到工廠看到壯觀的生產線、高聳的倉庫、還有各種重機具，我又突然興奮了起來。

「既來之，則學之」，一想到以後可能再也不會接觸到眼前的人事物，整個遭遇突然變成很棒的一次體驗！果然心情一轉換，工作也順暢了，更重要的是還捕獲了現在的老婆（再度證明人脈很重要）。結果證明，

離開工廠後，我確實再也沒有從事類似的工作，但那段時間我生產線的知識，還有工廠操作員的甘苦，對我後來的事業以及顧問生涯有極大的幫助。

第三，可以看到一個組織的運作。這裡面好看好學的東西可多了。看主管的領導、看流程的設計、看團隊的運作、看衝突的處理，當然，還少不了政治力的運作。整個場子就是一盤動態的棋局，只要認真有心，絕對可以悟出很多道理。我們不需要把職場當《後宮甄嬛傳》來看，甚至自己跳下去演，重點在於觀察久了你會自然而然地體悟，什麼樣的人能扶搖直上，什麼樣的人能做到明哲保身，又是什麼樣的人會成為悲劇英雄。什麼樣的老闆值得跟隨，什麼樣的員工值得爭取，看懂了，你會對自己的職場定位有更深的了解。

最後一點，也是上面三點的總結。想要在職場上獲取最大價值，除了細心觀察周圍發生的事情，更要扎實的謹記，成為你自己的東西。

我想說的絕不是把公司的資料檔案帶回家裡，這可不是鬧著玩的，而且這樣做多半用處也不大，因為並沒有內化成你自己的東西。要內化，我強烈建議各位培養寫「工作日誌」的習慣，就像航海家會寫航海日

誌一樣，把你白天看到的問題、解決的方法、重要的事件，不管是英明主管的決斷、還是豬頭老闆的白爛，都記錄下來，日後的參考倒是其次，主要是在提筆的過程中，你會反思、推敲、與回顧，並試著想想，如果當初如何如何，現在會不會怎樣怎樣。能持續這樣訓練自己的人，相信絕不會是職場的泛泛之輩。

很多上班上得極痛苦的人，很大的原因是，過度為自己得不到的東西感到憤慨，但對於隨手可得的利益或機會，卻又不敢大膽爭取。嘴上常嫌老闆很笨、主管很爛，PM 很鳥，但要是問他願不願意取而代之，承擔大任，他馬上又縮回去了。這就是所謂「系統化的抱怨」，這樣的人不管換到什麼樣的工作，遇到什麼樣的主管，抱怨都不會停止的，因為他抱怨的其實是自己，而自己並沒有改變。

最後，跟大家分享一個笑話。有個年輕又高明的扒手（對，又是扒手）決定搬到大城市提升自己的實力。有天在街上突然發現自己皮夾不見了，一回頭看到一位迷人的金髮美女離去，他馬上就明白這女生也是同行，而且技術不在自己之下，於是又想盡辦法把錢包給扒了回來。

年輕扒手對美女心生愛慕與佩服，於是開始追求她，女生也答應交往，

沒多久兩人步入禮堂。他們彼此都覺得靠著兩人的專業技巧，一定可以將這項「家族事業」經營的有聲有色。幾年後他們如願生下了一個可愛的娃娃，成為未來的接班人。

沒想到美夢破碎。這個小男嬰似乎有些障礙。他的右手自出生就緊緊握拳，而且手臂環著身體無法伸直，拳頭怎麼撥也張不開。他們只好把孩子抱回醫院檢查。醫生也查不出原因，正在納悶的時候，突然發現這小孩對醫生戴的勞力士金錶很有興趣，目不轉睛地看著。醫生就把手錶拿下來，看看嬰兒的反應。沒想到嬰兒突然把手臂伸出，拳頭打開去抓那隻金錶，大家正要歡呼的時候，突然看到有個亮亮的東西從小貝比緊握的拳頭中掉出來落在地上。撿起來一看，原來是助產士遺失的結婚戒指，當天幫這對扒手夫妻接生後就不翼而飛了！

「看準目標，想好策略，伺機出手，緊抓不放」，不管在大街上還是辦公室，都是最佳的生存之道！

3-7 │上班族也該培養閱讀習慣

我發現，很多人似乎離開學校後就失去了閱讀的習慣。

最近分別跟兩個不同的朋友各吃了一頓飯。不約而同的，兩人都在飯局中跟我抱怨他們目前的生活。覺得自己工作操勞、總是重複做類似的事情、職涯看不到前景、沒有辦法接觸新事物，明明很認真老闆卻似乎總不賞識，升遷也沒他們的份。偏偏時機不好，不敢隨意離職；但不離職，又感覺自己不受重用，因此抱怨連連。

兩個都是好人。說他們是好人可不是貶抑，是真的不錯也很照顧人，唯一的問題只在於他們並不是你會想一起工作或一起創業的人。從我的觀點而言，他們某方面實在太安於現狀了。偏偏又不知道自己的問題，只是老覺得自己不被賞識、委屈了。但多年來卻沒太大視野上的改變。

飯局中我順口問了心裡好幾年來一直想問的問題：「你有多久沒讀一本新書了呢？」

聽了這問題，第一位朋友一下子愣住，呆了半晌問我：「啊？當然很久沒看了啊！每天上下班已經夠累了，哪有空看書？你最近有看什麼書嗎？」，我提了幾本過年放假期間看的幾本書的內容，她還反問我

說：「幹嘛這麼累啊？都有穩定的工作了，為什麼還要讀書？」聽這回答換我愣了一下，心想多看些書跟工作穩不穩定有什麼關係呢？

後來跟第二個朋友吃飯時，我也問了類似的問題。這朋友回答也很類似，他說白天要上班，晚上回家要上網玩連線遊戲。這樣的情況下，他坦言更不可能有時間看書。而他持的論點也一樣，就是「既然工作已經有了，把份內工作做好就好嘛。何必花時間看什麼新東西⋯⋯」

對我這兩位朋友而言，讀書是找工作的前置活動，而工作則是過活的必要行為。也因此，他們覺得既然有工作、有收入了，剩下時間就該多做些好玩的事情，像是逛街、上網、打連線遊戲、約會、吃飯、看電影。他們工作不認真嗎？倒也不是，各自的領域也做了很多年，只是沒有再花時間學新東西的心情罷了。因為他們的主張是「既然已經有一項自己的專長後，把那個做到熟練也就是一種競爭力。」

但我始終覺得，人不管再怎麼專精於自己熟悉的工作，若不能時時培養新的知識與視野，工作能力還是可能越來越差的。

專精於工作雖然可以強化技能，如圖：

但是當只侷限自己在特定一個領域上，
卻可能讓我們越來越保守。

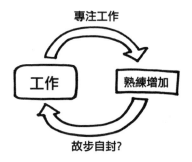

而保守將會讓自己越來越沒有競爭力。只熟練過去會的東西，但卻不會新東西，這個情況下，很可能一下子就被擁有新想法的人超越了。所以，必須要多閱讀、多拓展眼界，才有可能提高自己思維的高度，並提升自己各方面的競爭力。

而閱讀並非是多去看自己已經熟悉的領域，反而要多去看一些雜學的知識，並把自己思維的範圍往外擴大。世界上很多事情的道理其實是相通的，所以當透過閱讀不同領域的東西時，往往更能觸發我們在自己熟悉領域中的一些不同做法或是想法。很多人生上的進化就是由此展開的。（如圖）

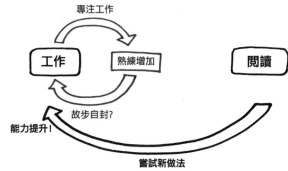

而閱讀後,若能把吸收的理論知識拿回工作中加以實證,則又可以進一步強化新思維,增加理論轉為實際可行的方法。(如圖)

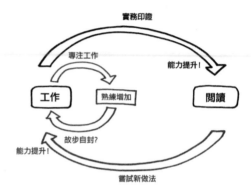

這樣若能變成一種習慣,將能讓自己的競爭力呈現一種正向的循環 → 閱讀得到的知識可以嘗試在工作中實踐;而工作中得到的印證又能提升自己的眼界。反覆循環下,自己才能不斷的變強、才能不斷地增加自己的思維能力、讓自己更擴大的理解這個世界。

當然,也不能完全只是依賴閱讀,還是必須要有實務的印證,不然也可能淪為紙上談兵。(如圖)

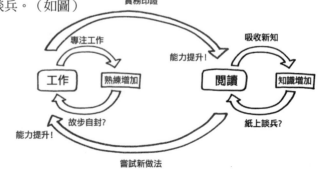

所以，人若想成長、若不想在工作上被淘汰，就必須一邊工作，一邊繼續學習新知識。

閱讀時不必設限書的類型，就算只是休閒看的小說、或是其他的知識，都可能因此能讓自己觸發新思維。像我自己就看得很雜、小說、管理、心理、經濟、或是工具書都有，每個月書錢大概都在八百元到一千五百元左右。工作上的新想法未必只能從管理書籍中觸發的，反而常常是從理財、談判、心理學、或是經濟學中看到新概念後，發現其實稍微改改也可以落實在自己的工作上。所以看多、看雜、多學東西，怎麼樣都不會讓自己吃虧的！而這樣常態性的看書會不會讓自己沒時間玩樂或是約會呢？有人或許會問。

以我自己的經驗而言其實並不會。若只是晚上或周末多空一天來看書，另一天還是可以安排做其他休閒活動，這樣生活也過了好多年，習慣後也不覺得有什麼不對勁，反而會越來越覺得「書太多、時間太少」；這恐怕才是生活的一大遺憾。

正向工作心態

Have a Positive Attitude at Work

「一個心態樂觀的人，會在災難中看到希望，而一個心態悲觀的人，
會在希望中看見災難。」——西方古諺

4-1 ｜ 開心上班必備的三個想法

有次和前同事吃飯時被問到，自己創業就沒有平日假日的差別，幾乎隨時都在思考工作，會不會懷念起上班族生活規律的日子。其實這問題我還真不只一次問過自己，我的答案是，創業和上班各有各的好處，差別只在於角色不同罷了。真正的重點還是，是否喜歡自己正在做的事情，畢竟不論喜歡或討厭，我們都得把最精華的一段人生奉獻給工作，既然要做，不如找個開心充實的工作，否則太浪費生命了。

我自己工作這幾年下來，多數時候是開心充實的，但也有比較痛苦難熬的時期。當工作不開心的那段時間，我曾經安慰自己：哎呀～工作那有開心愉快的，想要賺錢就是要認命啦！（我現在認為這是成果必定經歷痛苦的謬誤）但是，等我後來真正有幸做到了自己喜歡的工作，除了心情轉變之外，工作效率和成就感也大幅提升，回頭看看過往忍辱負重的我，才驚覺自己不但浪費了生命，也沒有拿出原本應有的表現，真要講算是苦了自己，也有愧於老闆！

我建議上班的你用幾個指標檢視自己，看看是否真正樂在工作。首先是周日下午你的心情如何？如果總是陷入低潮，可能是即將來臨的 Monday 讓你感到很 Blue。此外，明明早早上床，卻每天賴床不願意面對新的一天。還有還有，明明有事情等著完成，卻總想偷偷摸摸上網，

要不就是 LINE 一叫就迫不及待地查看。這些都是可能的徵兆。

可是當你投身喜歡的工作時，一切就完全不一樣了，簡直是脫胎換骨！周末不會特別心情不好，反倒有種躍躍欲試的感覺。空閒時在辦公室裡上上網雖是常情，但你會更想藉由在辦公室的時間，多看一些平常沒空看的資料，或是找同事討論案子的對策。你不覺得自己特別努力，但老闆卻對你讚譽有加，還有，最大的差異就是，當有同事遇到難題求救於你的時候，你會覺得備受肯定，而不是慘遭騷擾。

我曾認真分析自己，也分析一些樂在工作的朋友們，得到三個結論。這是三種工作時心態，如果你都具備了那非常好，沒有大開心也會有小確幸。但如果欠缺其中幾樣，就相對容易落入負面情緒。這三樣分別是：(1) 樹立明確的目標 (2) 擁有備選方案，以及 (3) 專注在當下。

1. 樹立明確的目標

練過舞蹈、溜冰或任何需要平衡感運動的人都知道，眼睛專注在遠方的某個定點會幫助身體保持平衡，其實工作也是一樣。如果目前的工作對你而言純粹是賺錢的手段，你不期待個人發展（培養技能，累積經驗），也沒有職涯目標（向上晉升，累積名聲），這時的你因為缺

乏遠方的專注點，很容易就會因小事而不悅或苦惱，身心難以維持平衡。好比說，老闆交辦「疑似」你職責外的工作，客戶「故意」給你出難題，甚至同事相約唱歌沒揪你，還是經理請飲料剛好漏了你。總之，因為你對這份工作沒有長遠的目標與企圖，所以任何小事情都可以讓你覺得非常憤恨與不爽，所謂茶壺裡的風暴就是這麼回事。你看，日劇裡的半澤直樹雖然遇到種種艱困的挑戰，但為了他遠大的目標，還是有動力克服難關並且不忘保護下屬，這就是目標的重要！

2. 擁有備選方案

如果你覺得現在的工作，是你一輩子能找到最好的工作，失去了便不會再有，那我可能要為你擔心了。所謂備選方案不是鼓勵大家騎驢找馬，呷碗內看碗外，而是要提醒各位別因為工作穩定就忘記檢視自己的市場價值。我的觀察是，認為自己找不到更好工作而極度珍惜目前職位的人，其實反倒無法開心工作。

當一個人手上握著最後一片麵包時，周圍的人看起來都像想搶麵包的餓鬼。若是每天以一種防禦的心態去上班，不但容易風聲鶴唳影響心情，同時對需要自由發想與創意的工作也難以發揮。

所以說，要是你真的珍惜目前的工作，希望快快樂樂地奉獻自己的長才，你反倒要定期更新自己的履歷表或是 LinkedIn 這類網站，多接觸其他公司的同業，探聽不同的工作機會，並且評估自己的身價。聰明的你當然不會因為別間公司多了兩千塊就跳槽，但因為你清楚自己的身價，也知道手上擁有的機會，對目前的工作自然就會放得開，做到不卑不亢的境界，這樣當然也比較容易開心！

3. 專注在當下

有位心理學家說過：「人類是唯一會進行『時空模擬』的物種。」此話怎講？例如說，上台演說前多數人都會緊張，嚴重的甚至臉色慘白手心冒汗，但你想想，其實上台並不會帶來什麼實質的傷害，好比吊燈掉下來打到頭，地板破掉整個人掉進去什麼的，我們的焦慮來源，其實是預想到萬一表現不佳時我們會有的難堪心情。大腦在我們上台前就預先模擬了這樣的窘境，而我們的情緒、神經、甚至肌肉、汗腺全都被大腦連帶影響，這一切不過是大腦產生的逼真「特效」罷了！

大腦的模擬能力是人類勝過萬物的關鍵，但同時也是人類各種煩惱的源頭（簡單地說就是患得患失）。所以聖嚴法師常常提醒大家要「活在當下」。

不約而同地，西方哲學也強調要讓我們的內心保持在 Right Here Now（專注此時此刻）！舉個例子，明天公司要參加重要的標案，我負責準備投影片，此時最好的工作心態是摒除一切雜念，別想著這份簡報要是成功我可以飛黃騰達，秘書部小美會對我揪咪。也別想簡報要是失敗會被打入冷宮，敵方老闆會對我揪咪。此時此刻，就只有你，和 PowerPoint（好啦，你還需要滑鼠跟鍵盤）。能做到這樣就很容易進入所謂的神馳（Flow）狀態，你會感到前所未有的專注與滿足，而且，你很可能會產出一份超級棒的簡報！如果覺得我講得太玄了，建議大家可以看看《深夜加油站遇見蘇格拉底》這部電影，談的就是這個概念！

前面三項心態，我覺得一、二比較容易，要做到無時無刻專注在當下是需要長時間的練習，但非常值得。只要持續練習便有機會能從工作中找到成就感、找到滿足、找到快樂！

4-2 │ 解決問題與擺脫困境的五個態度

不管是生活、求學、工作、與愛情，都難免遇上大大小小的問題。問題就像遊戲關卡，有大有小，有難有易，總之解決了，可以賺取經驗值邁向下一關，要是解不開，則坐困愁城。這幾年「問題解決」是一門顯學，可惜人生畢竟和遊戲不同，就算有錢也買不到攻略本，更不能加開外掛或改機破解，這類問題解決的書籍我也翻過幾本，多半是由「系統化思考」出發，強調要先定義問題、然後蒐集資料、擬定假設、然後驗證解決方案之類的。論點本身很有道理沒錯，不過你會發現，製造問題的那個人自己是絕不會看這類書！而真正試圖解決問題，並且用功讀書的人，身上反而常常累積了別人製造過來的問題。

反省這些年面對問題的經驗，有得意地擺平問題，也常常被問題徹底擺平。兩者的差別，不在於擁有解決問題的技巧與方法，而是面對問題時所抱持的「態度」，尤其是面對「以人為主」的問題更是明顯。

現在的我，越來越相信技巧與專業固然重要，但態度決定一切！

以下分享我私人收藏的「態度清單」。當面對問題一時找不到解答時，我會先喘口氣，就像對街的老鐘錶師父，開始工作前，會挪挪椅子、調調燈光、泡杯熱茶，把工具擺到順手的位置，讓自己保持在一個解

決問題的最佳心境。

1. 不斷告訴自己：這問題鐵定有解（常保樂觀）

這是最最重要的一項態度！不要覺得這是一廂情願的浪漫，或沒頭沒腦的熱血喔！人生有起有落，就像在市區開車，一路全是綠燈的機率固然低，但一路全是紅燈的機率同樣很低，先相信「問題一定有解」是比較理性的態度。沮喪、絕望、焦躁這些情緒會阻斷推理！「確信問題一定有解」的態度，不光是為了偽裝成閃亮的陽光男孩，而是一種讓大腦維持暢通的手段。

2. 把自己由問題中抽離出來（旁觀者清）

有時遭遇的問題就像場歹戲拖棚的爛劇，一定得抽離自己，從演員變成觀眾才能做到「旁觀者清」。小孩子難免發生打翻飯碗的意外，有的媽媽馬上開始罵小孩、怨老公，然後慌張地清理；另一種「解決問題型」的媽媽，反正該灑的都灑了，著急無益，她們好整以暇地減少小鬼碗裡的食物、要不就是鋪餐墊做個預防措施。這從容的帥勁，讓我想起高中班上的第一名，不管老師出了多難的數學題，他永遠氣定神閒地推敲思考，享受整個「解題」的過程，問題是問題，我是我，我來拆解問題，不是問題來拆解我，更沒有不必要的情緒。

3. 換個維度看問題（宏觀視野）

據說螞蟻是二維空間的動物，也就是說在螞蟻小小的腦袋裡，只有前後左右，而沒有上下的區別。有個人和一隻螞蟻是好朋友，有天這個人看到桌上紙杯裡有顆彈珠，他就把彈珠從紙杯裡拿出來放在桌上，一旁的螞蟻簡直驚呆了！在牠眼中，人類做出了不可思議的事，居然讓物體穿越屏障到另一個空間。

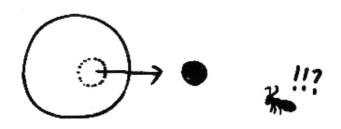

面對難題或困境，我們常常一不小心就變成單純的小螞蟻，思考被框框限制住出不來，這時候不要悶著頭苦思，不要怕別人知道自己的困境，最好求助於身邊活在「3D 世界的夥伴」，幫我們解套。他們可能是家人、朋友、同事，或者是一本好書，有時候和問題最不相干的人

互動，反倒更能幫助我們以不同維度來看事情。

4. 事緩則圓，時間是最佳良藥（靜觀其變）

有時候問題乍看無解，經過一陣子耐心等待，在時空幻化、物換星移之後，整個問題竟然自動消失不見了！好比說有些客戶常給你出難題，要求你交貨快、品質好、價格便宜、贈品還不能少，怎麼看都是不可能的任務。但你只要咬著牙，盡力服侍，一陣子之後居然客戶就自己鬆口解套了。

年輕不懂事的我，就曾經因為沉不住氣，一聽到客戶的嚴苛要求就馬上抗辯，結果什麼時程、品質、成本的問題反倒通通不重要了，客戶矛頭變成了我本人！後來我總算搞懂，很多時候問題的起源，根本就是老闆或客戶對專案缺乏信心，對成員缺乏信任，或者有純粹有情緒要抒發，只要我們盡力做好該做的事，他們的感到欣慰之後，問題就自然減輕，甚至隨風而逝了！

5. 提醒自己，追究責任不能解決問題（達觀以對）

回到家聞到濃郁的瓦斯味，第一時間該做什麼？相信你會先關瓦斯、開門窗、離開室內，但絕不會優先揪出那個沒關瓦斯的傢伙然後處罰

他。這是基本常識，但有時候人性卻不是如此，非得把害群之馬找出來不可，彷彿處罰他之後，問題也就不存在了。我們要訓練自己豁達一點，就算遭遇的困境可以明確地歸咎到特定的個人，他是有意也罷，無意也好，最終擺脫困境還是得靠自己的智慧。同樣被父母遺棄，有人憤世嫉俗，也有人發憤圖強成為賈伯斯這樣的人物。之前看到一個節目訪問被家暴、替老公揹債，歷盡千辛終於走出一片天的婦女，我發現她們的笑聲都特別爽朗豁達，光是她們的態度就讓我學到很多。

不知道你有沒有注意過，曾雅妮、王建民、盧彥勳這樣世界級的選手，記者在賽前訪問他們時，常常聽到他們說「正在調整最佳狀況」，而很少聽他們說這次在練習什麼樣的絕招。我想解決問題跟上場比賽也是一樣的道理，技巧固然重要，但更關鍵的是調整自己面對問題的心態，也就是「樂觀」、「旁觀」、「宏觀」、「靜觀」和「達觀」。我自己反省自己過去的得失，似乎也是當下的「態度」主宰了一切，總之，要修煉的地方還很多啊！

4-3 ｜要收穫就別灌溉雜草

有次和一位二十出頭剛大學畢業的小朋友聊。小朋友有點沮喪，他覺得自己沒有台成清交的名校招牌，念的也不是熱門科系，我說了一番鼓勵他的話之後，他看起來好多了，這也讓我想起三四年前，擔任PMP（專案管理師認證）講師時和同學的一番討論。

當天上午和同學分享了國際知名企業的管理制度，午休時間便與同學一起午餐，聊到宏達電股價大漲的新聞，有位同學就一副悻悻然的樣子，把筷子一放就開砲了：「老師啊，你課堂中提到那些國外的案例都不錯，但老實說在國內意義不大，PM（專案經理）在台灣就是打雜啦，不會有什麼發展的！」

「那你覺得在台灣做哪類職務才會有發展？」我有點不爽，想要反將他一軍。

「我跟你說啦，做什麼都沒差，有權有勢比較重要。你看宏達電現在紅了，誰賺最多？當然就是王雪紅，因為她老爸是王永慶啊！」他一說完，整個場面瞬間凍結，不管是咬著排骨的，還是含著滷蛋的，每個人都靜靜望著我。我老早忘記當時的回應，總之，我沒能把這個沮喪的氣氛給扭轉過來。我當然頗不認同這位同學的看法，但卻也找不

出他哪裡說錯了。其實這不是個案，每隔一段時間，我就會被迫面對這類「憤世嫉俗」的情緒，有時是上我課的同學，有時是客戶的員工，有時則是部落格的讀友。幾年下來，我也不斷地思考這個問題，如果再讓我遇到當年那位同學，我會怎麼回應他。

說「憤世嫉俗」也好，說「沮喪失落」也罷，我其實是完全了解這樣的情緒，因為我自己經歷過一段很墮落又自暴自棄的日子，現在想想挺好笑的，但當時的我可完全笑不出來……

──────── 時光回到一九九七年分隔線 ────────

剛進研究所，我是每天待在實驗室最晚的學生，卻也是被老師 K 得最慘的一個。後來又與交往多年的女友分手，心情超級消沉，不但預官考試落榜，整天一副死人樣（我朋友後來說的），自然也被指導教授 K 得更慘了。精采的還在後面。

那年端午節，我租的套房半夜發生火災，我從睡夢中驚醒逃竄，全身只剩下身上穿的 T-Shirt 和短褲（緊急到連皮夾鑰匙都來不及拿），所有的家當不是燒成焦炭就是泡在水裡，其中包括一台騎不到一千公

里的全新機車，還有指導教授提供的筆電，裡面剛好存了我過去幾個月蒐集的實驗數據。還清楚記得當時的景象，我匆忙跑下樓，光著腳丫跟樓下幾位圍觀的群眾，一起欣賞自己贊助的煙火秀。先是窗簾起火，接著窗戶爆炸，然後帶著火花的碎玻璃從天而降，路人驚呼閃避。經過了這麼多慘事，最後竟連住的地方都燒掉了，我的心情與其說震驚、沮喪，還不如說是一種詭異的亢奮。隔壁鎖店的老闆也是圍觀群眾之一，記得他跟我說：「那不是你家嗎？啊！房子都燒了你怎麼還笑？！」

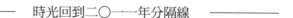

　　　　　　　　　　時光回到二〇一一年分隔線

可想而知，那段時間我的心情 down 到谷底，而且開始「為他人的成功找理由，為自己的失敗找藉口」。別的同學實驗順利，我覺得是他們運氣比我好；同學考上預官我沒考上，是因為他們實驗室太閒了，才有時間準備。至於女友移情別戀，當時心中想的話，嗯，不提也罷。

我的看法就是，整個大環境對我不友善，衰神上身，我現在做什麼都沒有用。除了開始喝酒，我也染上抽煙的習慣，空閒時我把自己鎖在家裡，開始看一些灰色小說。我當時對村上春樹筆觸中那種淡淡的哀

愁相當著迷，後來也開始讀三島由紀夫，眾所周知，這位作家後來以切腹自殺結束一生，讓他作品中那種「幻滅性的悲劇美學」更增添了無以倫比的說服力。

文字可以讓人沉淪，也可以讓人覺醒。那時灰暗的心情，反倒讓我靜得下心來讀些西洋哲學的東西。我開始讀老爸給我的一本尼采語錄，又讀起了祁克果、卡謬、沙特還有西蒙‧波娃的大作，他們幾位的思想讓我顫動不已，也讓我擺脫內在情緒，試著從外部的觀點來檢視自己。其中「存在先於本質」的概念，或多或少塑造了我現在的人生觀，我的理解是這樣的：

世上除了人以外的所有事物，都是本質先於存在。比方說一把剪刀，還沒出工廠就已經被決定了它的用途和特質，幾乎所有的生物（包括人類的小 Baby），也都是順應著本能來決定行為，獵豹追逐羚羊，籐蔓向上攀爬，都是他們存在於這個世界之前就可以預期的。但唯有人類，是「存在先於本質」，我們被賦予了自由意志，然後被拋到這個世界來（存在），卻未被設定任何指令（本質）來引領我們的行為，這就是為什麼人類常會迷惘，會恐懼，會覺得孤獨的原因。

以上幾位哲學家和他們的概念，常被歸類為所謂的「存在主義」。其實是什麼主義對我來說意義不大，但我從中卻得到一個很寶貴的結論，幫助我走出了陰霾：當我們面對自己的人生，最關鍵的課題不在「你是什麼」，而在你如何「定義」自己！

這也正是為何多數的教育學者一再強調「正面鼓勵」與「自由發展」對小孩子的重要性。一個從小常被打擊的孩子，多半會把自己「定義」成一個遜咖，在這樣消極的自我暗示下，長大極有可能真成為一個Loser。相反地，從小被激勵的孩子，則會充滿信心，積極進取，自然成功的機會也高。事實上，也的確有科學實驗提供佐證：

哈佛大學兩位心理學教授 Robert Rosenthal 和 Lenore Jacobson 在一九六六年提出了一份非常有名的研究報告。這項研究是針對一群小學生還有他們的老師進行的實驗。他們到了班上宣稱給大家進行智力測驗，測驗做完後，他們跟全班宣布其中有幾位小朋友資質突出，會在課業上有優異的表現。

事實上，這幾位「資質突出」的小朋友根本是兩位教授隨機選取的，但所有的小朋友包括老師在內全都蒙在鼓裡，有趣的是，這幾位被選

出小朋友，後來真的在班上成績優異，連原本成績不好的人也都突飛猛進。這實驗告訴我們，人的表現會和自己與旁人的期待產生連動，簡單的說就是：You will get what you expect!（所望即所得）不過，可怕的是，相反的狀況也適用。我在王溢嘉醫師的書裡看到一個案例：

有個非洲部落因為某種原因嚴禁族人吃野雞，並警告族人食用野雞會遭致厄運與死亡。結果有個部落的年輕人到外地旅行，接受朋友宴席招待，朋友再三保證這不是野雞肉，他也就大快朵頤一番。大概過了幾年後，這朋友不知為何告訴那年輕人說，其實那天吃的是野雞，這年輕人立刻臉色發白，全身發抖，結果當天就死了。

醫學上對此懸案是有解釋的，因為恐慌造成的迷走神經失調，導致休克致死，但就心理學來說，人的確會因為自己真心相信的事情，而連帶影響行為，甚至影響生理。這也就是所謂的「自我應驗」（Self-Fulfillment）。棒球選手打擊前，用球棒指向外野，結果真的打出全壘打，與其說他會預言，不如說他散發這種堅強的信念，帶動了自己全身上下的神經，甚至影響了對方投手。

電影《全面啟動》中男主角說：「人的念頭（Idea）是比病毒還要厲

害的東西，即使是心中一個小小的 Idea，也會像種子一樣成長茁壯，最後掌控這個人的一切。」我們的心裡要埋下什麼念頭，人生要抱持什麼態度，要成為什麼樣的人，得靠我們自己下定義！

矛盾在於，「憤世嫉俗」的人往往都是聰明、有企圖心的，否則他們也不會像一開始提到那位同學，不但花錢來上 PMP 的課，也認真研究企業家的背景（我當時還搞不清王雪紅是誰），我相信真正不在乎成功的人，根本不會有任何情緒。會這樣的原因，多半是在生命中遇到了挫折，對未來產生了迷惑，基本上跟當時「丟了女友、燒了房子」的我有一樣的心情。

如果還有機會遇到他，我想告訴他的是，王雪紅的成功跟王杯杯到底有多少相關性，我們永遠不會知道，事實上也不重要。如果想要成功，最重要的事情就是在心底保留所有對成功有幫助的想法，去除那些沒有幫助的負面念頭。就像農夫種田一樣，播下好的種子，除去無用的雜草，這樣才是通往豐收的道路，你覺得呢？

4-4 │ 中階主管的責任與矛盾

學生時代我超愛打籃球，往往下課鐘一響立刻就往籃球場衝，甚至有從清早一直打到天黑的紀錄。說真的，籃球是個很有深度的團隊運動，我從中學到了很多做人做事哲理！

國中班上有個同學超厲害，號稱「火鍋王」。他投籃、切入、籃板都還不錯，但全都比不上他最強的絕技：蓋火鍋！但他的身高大概只有一百七十公分上下，而且是個斯文的瘦子。一場球打下來，對手球員被他巴三四個鍋子都算正常，連身高一百八十公分以上的長人也不例外。更有趣的是，火鍋王在球場上的動作很像在散步，當大家不斷地奔馳、轉身、搶球忙得不可開交時，你會看到有個人悠閒地在球場上晃來晃去，乍看還以為是裁判。但有時候，他會像蟄伏的獵豹般突然加速，然後一躍而起，緊接就是聽到「啪」的一聲，全場嘩然：又有人被蓋個大火鍋了！

他這項美技讓我佩服地五體投地，直覺告訴我，身材不算高的火鍋王彈跳力一定很驚人。我當時對自己的彈跳力可是很自負的，我的立定跳雙腳離地可達七十二公分，我猜他一定更好才能當火鍋王。結果有天找他比跳高，發現他的彈跳力比我差多了，看到我迷惑的眼神，火鍋王終於露出微笑說：「既然你誠心誠意地問了，我就大發慈悲地告

訴你吧！我蓋火鍋的秘密就是，用『猜』的！」

原來他和我們這群體力過剩、橫衝直撞的小夥子不同，他是用「眼睛」和「腦袋」來打球的。不論有沒有上場，他總會觀察對手的習慣動作。有的人拿到球習慣向後跳投，有的人習慣運個兩下再投籃，有的人總是從右側切入。火鍋王說，多數人打球不脫那幾個固定動作，所以只要預先猜測對手的動向，提早半秒鐘跑到定位然後阻截就好了。有時候不是我要蓋他火鍋，是他自己把球投到我手上呀！這傢伙還真是臭屁，不過他給我上的這門課，數十年過後的今天我都還記得。

這門課是什麼？若你能好好觀察對手的習慣，有效預測對方的行動，那怕只是一個小小片段，都能幫你不慌不忙地掌握局勢。離開了球場，所謂的對手未必是你的競爭者或敵人，而是泛指任何和你互動密切的利害關係人，好比說，你的老闆。

我在美國工作時曾遇到一位很強勢的女性主管，不少同事私下都稱她女暴君，我個人倒認為她超像女版的賈伯斯。這位大姊簡直是用生命在工作，而且絕頂聰明。她每天上午六點多進辦公室，常待到晚上十一點才離開，她的個人辦公室除了亂到爆的桌子，還常有吃剩的三

明治和汽水瓶。她雖然不修邊幅，但對公司的未來卻有很明確的願景，在她底下做事的人，如果不了解她的大方向，或是稍有懈怠的，常常在會議中被指著鼻子罵「笨蛋」之類的字眼，很慘！有些人試著身段放低去討好，有些人試著跟她據理力爭，但不論如何總是難以合她的意。因為我帶領的團隊八成的業務都和女賈伯斯直接相關，雖然我還沒跟她正面衝突，但我知道，如果不能掌握她的行為模式，不但我的日子難過，我的團隊很快也會跟著遭殃。

於是，我開始有意地觀察她，就像當年的火鍋王觀察對手一樣，並歸納出以下發現：她比多數人早到公司，比多數人晚走，所以除了她的秘書，很多人根本不知道她的上下班時間。於是我特別花了工夫提早到晚點走，知道她是標準的 7-11（早上七點上班晚上十一點下班）。其他的發現還有，她非常痛恨有人當眾質疑她的決定；她喜歡下屬主動敲她的門來回報進度；還有內容超過十行的 Email 她是沒耐心讀完的。

另外，如果超過三天沒親自見到某人，她會認定這個人一定在打混。還有更重要的一點，她早餐常吃一半就去開會，中午也是去員工餐廳隨便買個三明治果腹，一整天下來，她僅有在晚上七點左右會休息一下倒杯咖啡，這時也是她肚子最餓的時候。

有了這些情報，我很清楚知道，白天的會議中若有任何爭議，不該也不需要當面跟她辯論。我會在晚上七點的時候，把我的誘餌（各式餅乾和巧克力棒）放在桌上，因為我的座位是倒咖啡的必經之地，所以十有八九她會出現，抓著桌上的巧克力，然後跟我閒談幾句，有時甚至一聊就是一個多小時。這段時間多數同事都閃人了，而且她開了一整天會，現在正是放鬆心防的時刻，我常趁機把白天她思考不周密的地方講給她聽，也陳述我的反對理由，說來很戲劇化，幾乎每次我都能說服她照我的意思去做。另外，如果大家太忙三天以上沒遇到，午餐時間我會在員工餐廳跟她「不期而遇」，除了 Say Hello，也講一兩句跟進度有關的議題，讓她知道我們的團隊運作良好。

我們的關係維持得很好，一直到我離開紐約回台灣創業都還保持連繫。甚至還有別的主管跑來問我，該如何與女賈伯斯相處。更重要的是，她一直肯定我的團隊所做的事，畢竟有其他團隊因為背離她的計畫，雖然整天忙得要死卻被認定沒有價值而中途出局。這些都得感謝當年「火鍋王」給我的啟發。

只不過，大人的世界就是那麼的複雜。善解人意的小孩我們會說他「聰明」；善解人意的情人我們會說他「體貼」；善解人意的寵物是有「靈

性」；至於善解人意的員工卻常變成「馬屁精」！在很多漫畫或連續劇裡，老闆身邊常出現這種曲意奉承的角色（例如庶務二課劇中那兩個人事主管），讓我們在試著了解老闆內心時，心中不免有小小的疙瘩：我是不是正在做馬屁精做的事呢？我的同事或下屬是否正在嘲笑我呢？至少當年的我確實有這樣的矛盾。

你要是擔任過中階主管，我想你應該了解我的感受，尤其是當你是透過內部升遷，以往同事現在變成你的部屬的時候，你會發現你得花更多時間來了解上面的策略與方針，並且翻譯、傳達給下屬。我現在深深覺得，主管照顧下屬最好的方法，不是跟他們稱兄道弟，打成一片，而是能確保他們能朝著正確的方向前進，這樣團隊的價值才會被肯定，工作也才能有所保障。然而，要掌握正確的方向，就不可能不掌握老闆的心思和期待，並且保持一個良好的互動關係，我想這是中階主管最大的挑戰，也是最重要的責任之一，就算被不懂事的下屬覺得在拍馬屁也是一定要做的啊！

如果你目前是基層員工，我會建議你多觀察了解你的主管，要主動溝通而非被動等著主管來關心你。雖然當你這樣做的時候，難免會有些無聊的人講些無聊話，但相信我，「跟主管保持良好互動」這件事，

絕對是職場上最重要的能力，值得你用心培養。

最後我想提出一個問題供各位反思：假設 A 主管和大老闆關係良好，卻對下屬要求嚴厲；而另一位 B 主管和大老闆時有摩擦，卻常替員工出頭爭取權益，如果你是基層員工，你會偏好跟隨哪位主管呢？

4-5 ｜衝出「離職 - 求職 - 抱怨 - 離職」的漩渦

你身邊有沒有這樣的家人朋友呢？找到一份新工作，充滿期待地上任，幾個月後，熱情消退，取而代之的是不滿與抱怨。苦撐了一段時間終於離職，然後又開始一個新的循環。請別誤會，我不是指換工作不對，也不是覺得抱怨不好，問題在於，為什麼換了工作，抱怨仍在呢？

週末中午懶得做飯，我到附近的迴轉壽司店買了些外帶。炎熱的夏天大家邊吹冷氣邊吃壽司，也是小小的滿足。為什麼滿足？因為沒人抱怨這不是來自東港的黑鮪魚肚，沒人抱怨山葵是機械包裝而不是現磨，更沒人抱怨壽司裝在塑膠盒裡，而不是日本有田燒的陶器。當下我們要的只是一個沒有油煙、髒碗盤同時清爽、平價的午餐，這壽司連鎖店滿足了這些需求。

所以迴轉壽司帶出了一條大家都知道的公式：

$$期待得到的價值 - 實際得到的價值 = 心理落差$$

如果：

期待遠低於實際：$\_$（賺到了！）

期待與實際相當：^_^（小確幸！）

期待遠高於實際：>_<（大失望！）

所以開不開心，滿不滿足，關鍵不在有沒有吃到「三井」兩千八的套餐，而在有沒有搞清楚自己到底「期待」什麼，以及當前的「現實」條件又是什麼！

物色工作時，我們優先考慮薪資福利、公司名聲、未來前景還有通勤距離等議題，聽起來很合理對吧？錯！最關鍵的事情根本不是這些！

公司就像一件衣服，要和穿的人（我們）適當搭配，才能相得益彰。買衣服時，固然會考慮顏色、價格和質料等因素，但衣服和你本身的形象、年齡、體型和穿著時機能否搭配，才是第一要點。有陣子宅男女神豆花妹明明穿的清涼性感，她的經紀公司卻被網友罵到臭頭，就因為宅男粉絲覺得偶像的裝扮與他們心中清純的期待不符！

買外賣，我們會設定自己的「期待」；挑衣服，我們會想想自己的「現實」，但更重要的「求職」一事，我深深感覺不少人反而沒好好想過這兩個變因。對啦，你當然可以去夜市跟賣牛排的老闆說五分熟不要帶筋用磁盤上，也可以打扮成女神卡卡去拜訪客戶，但不要鬧了，這世界已經夠亂了好嗎？你一定會被抱怨的，而且沒多久後，你自己也會開始抱怨那些「不懂的人」！

人生所求無多，無非是個開心滿足！怎麼做？合理的「期待」，認清楚「現實」，再加上必要的努力來「交換」。要知道，世界上沒有100% 完美的工作，如果以輕鬆、高薪、穩定、有發展當成找工作的準則，失望的機率一定高，事實上，可能永遠也找不到這樣完美的工作。所以一定要想清楚當前求職的「階段性目標」是什麼。我建議，找工作時一定要清楚在腦子裡列出三個目標，並且排出優先順序。如果一個職位可以滿足兩個目標，基本上就可以列入考慮。

一位理工背景的年輕讀友找我諮詢，他希望未來兩三年後可以攻讀MBA 碩士，問我接下來在職場上可以如何補強經歷，以申請到更好的學校。我陪著他一起釐清了三個目標，依照優先順序分別是：一是要進大型企業，可以多看看企業運作的流程；二是要參與國際性的業務，對申請學校和外語能力有加分效果，三是不錯的薪水，可以存點未來的學費。Ok，自己的期待先決定，後續的調查與篩選方向就清晰多了。最後他進了一家大型企業擔任海外採購工作，唯一的缺點在於薪水比同學都低，至此，不能說是「大大滿足」，但也算「欣然接受」，重點是後續的發展。

首先，小朋友工作的這兩年間，很清楚自己的「階段性目標」。他很

認真地觀察企業各部門間的運作。他了解了會計、人資、稽核這些部門扮演的角色，這是理工背景的他從沒想過的事情。所以被派去支援外部門時，別人埋怨，他卻異常興奮。另外，他很認真地閱讀各式英文合約，平常公司若有越洋電話或是英文會議，別人又躲又閃，他卻自告奮勇，因為他知道這是難得的練習機會。至於公司的大型專案，即使是能做些打雜性質的支援，他也爭取參與，被派去南部幾個月進駐工廠也沒關係，因為他知道申請學校時都會是履歷上的亮點。至於薪水低的問題，也只好打消換手機和筆電的念頭，同時從前面那些地方加倍「賺」回來。

在心中訂出階段性目標，會給人相當強大的心靈力量。一方面幫助你在工作上盡情地「獲取」你想要的東西，另一方面，對於得不到的，也不會因為過度失望而不停埋怨。

人都會抱怨，在職場上更是如此，難免遇到很奧的客戶、很瞎的老闆、很驢的員工。跟家人朋友抱怨這些不順心的「偶發事件」，其實很有療癒的效果，讓我們可以打起精神面對新的一天。但持續性對所處的環境抱怨，就代表「改變」的時候到了。

其實每一年，我們都該檢視一下自己的工作，是不是還存在著當初期待的價值（前提是你有個清晰的期待）？繼續待下去，是否仍符合自己的「階段性目標」？最好的做法就是前面提過的，每季或每半年都要重新檢視與更新自己的履歷！

所以，要是目前的工作找不到和個人目標的連結，就應該趕緊做出必要的轉變，千萬不要因為「我在外面找不到更高的薪水」而留在原地，那很可能表示，你的老闆付給你的薪水已經超過市場行情。在我看來，員工和雇主原本就是一種合夥關係，越是依賴對方，手上的籌碼就少，這場遊戲也就喪失了主導權。

真的，真的，不要讓自己陷入「離職－求職－抱怨－離職」的恐怖漩渦，周圍遇到同樣困境的朋友，我們也一定要幫幫他。要脫離這樣的循環，就像繞行固定軌道的物體一樣，需要一個切線加速度，那就是搞清楚自己要什麼，還有應付出的代價，然後朝那方向前進，我想這樣日子開心的機會會大很多！

提升轉職勝率
Increase Your Job
Search Success Rate

一個人的性格決定他的際遇。如果你喜歡保持你的性格,那麼,你就無權拒絕你的際遇。—— 羅曼‧羅蘭

5-1 ｜ 如何寫好自傳

每個人在找工作時都免不了要寫履歷和自傳，在對方不認識我們的時候，這兩份文件可說是行銷自我的關鍵。偶而會遇到年輕朋友請我幫忙看看他們的自傳履歷。履歷部分還好，就是把過往學經歷以條列式的方式說明清楚，問題不大，但自傳的部分就很難說了。

我很訝異在台灣很多年輕人不會寫自傳，我自己公司在徵才時，常讀到整份不知所云，甚至讓人啼笑皆非的自傳。有時候還真想叫這人來面試，不是因為他條件突出，而是實在想看看本人是什麼樣子。後來想想，實在也不該怪這些年輕朋友，我自己也是有幸接受過一些訓練，才大致了解求職文件的重點。除了當初申請國外學校時，自己花了些功夫研究之外，後來去美國念書，學校還規定每位研究生都要參加「履歷撰寫」的討論小組，由具備寫作專長的老師帶著我們完成自己的求職履歷，甚至還有一對一的面談跟潤飾。這些訓練對我幫助非常的大，真建議台灣的大專院校也該提供類似的協助。

首先，在下筆之前，我們一定要徹底搞清楚所謂的「自傳」到底是什麼東西？寫這玩意兒的目的是什麼？

我的答案如下：

自傳就是「個人的廣告」，寫自傳的目的，就是獲得「面試的機會」！
自傳就是「個人的廣告」，寫自傳的目的，就是獲得「面試的機會」！
自傳就是「個人的廣告」，寫自傳的目的，就是獲得「面試的機會」！

因為實在太重要，忍不住重複三次。

所謂「廣告」，就是要在最短的時間內，突顯出產品的優點，引發消費者的購買慾。同樣的，好的自傳，就是要用最短的篇幅，突顯出求職者的優勢，讓公司想邀約進一步面談。容我誇張一點地說，自傳不是好友間的「交換日記」，更不是「回憶錄」，而是有明確目的的「求職文宣」，因此每句話都要達到「突顯自己優勢，贏得面試機會」的終極目標。這是所有求職者要緊抓的第一個觀念！

我曾看過為數不少的自傳，尤其是新鮮人的作品，開頭都不免俗地來上這麼一段：

> 我叫○○○，我生長在一個中產階級家庭，家境小康。我在家排行老二，有一個姊姊……

這段話很親切溫馨，但對「突顯優勢、贏得面試」的目標毫無貢獻。

我敢說多數主管看到這段會下意識地跳過，珍貴的篇幅成了「浪費的廣告秒數」。人資主管每天面對堆積如山的履歷，每份頂多花個十分鐘甚至更少，能全神貫注的時間說不定只剩一兩分鐘，相當於閱讀數十行文字，這些「溫情的背景交代」等於消耗他們對你的注意力。

除非你的家庭狀況對你應徵的職位有加分效果，就如以下我在網路上找到這個很妙的的例子：

> 我叫○○○，我生長在布魯克林一個工人階級家庭，我有兩位父親，但其中一位事實上也是我的母親。我有一位姊姊，但她十六歲前是我哥哥。我自己不曾有過性別認同問題，我深愛我的家人，是他們帶給我在服裝設計上無窮盡的靈感，尤其助我突破性別的藩籬……

別忘記，審核者並不認識你，求職者在他們眼前，只是幾張A4紙，外加三分鐘的閱讀時間，「廣告很貴」，因此自傳裡每個字句都要幫你加分才行。以下是另個可愛小朋友的例子：

> （前略）我的興趣是打籃球，雖然我打得普普通通，也沒有入選校隊的實力，但我仍然樂在其中……

你正在笑嗎？這段話的問題在哪裡呢？如果這是本「回憶錄」中的句子，或許能讓讀者更了解主人翁的生活點滴，但問題出在這是求職用的「自傳」哪！這段話不但無法替專業加分，說不定還會倒扣。寫自傳是要向面試官推薦自己，證明自己能夠勝任工作，這是求職者的「角色」和「立場」，像這樣說自己某方面「馬馬虎虎」，我要是面試官，還真不知道要如何回應。假設我們在餐廳問服務生有什麼招牌菜推薦？結果對方回答：「紅燒獅子頭算是我們的招牌菜，不敢說特別好吃，但我們大廚很喜歡這道料理……」請問你到底點還是不點？

如果求職者真要提個人興趣，我把剛剛那句改成以下形式：

> 我最愛的運動是籃球，因為團隊合作讓我充滿熱情，而運動讓我維持工作所需的能量……

這樣是不是讓興趣和工作產生連結，一個陽光、熱血的青年才俊浮現了，而不是剛剛那個坐冷板凳的 Loser ！

自傳裡面絕不可欺騙，因為一個謊言需要無數個謊言來掩飾，百密總有一疏。我就曾聽過某人誇大自己的電腦能力，雖然順利錄取，結果沒多久就在重要會議上出包然後「自願離職」。但求職其實就像第一

次相親，我們總要把自己最好的一面努力展現出來，至於不那麼好的
地方，不主動談起，甚至稍加掩飾應屬合理。主管不是傻逼，他們真
想用一個人的時候，自然會透過面談進一步了解，並不會因為你的自
傳裡都寫優點，就把你當做完美或是自大的人，別忘了，自傳的目的，
原本就是要突顯優點，贏得面試機會。以下是另個實例：

> 我曾經參加過○○全國競賽，雖然沒有拿到名次，但後來評審私
> 下告訴我，我的分數在評審這部份是全部參賽者中最高的（總分
> 是以評審和觀眾兩部分的評分來計算）……

解釋了一大串，很誠實沒錯，但我懷疑審核者只會對「沒得獎」這三
個字印象最深。所以我幫這位「誠實如華盛頓般」的小朋友改了一下：

> 我曾經參加○○全國競賽，有幸獲得評審最高分的肯定……

這樣是不是好一些了呢？不但精簡了篇幅，也在不扭曲事實的情況下，
突顯自己的成就。同時再來看另個例子：

> 我在商業展覽中獲得○○公司的注意，後來被邀請進入該公司擔
> 任行銷總監的職位。這頭銜主要是方便洽商，下面並不帶人，但
> 我從這職位上學到很多技巧。

以上這句話看似褒揚，但我心中留下的強烈印象卻是「空頭主管」，

很傷腦筋，我建議當事人改成下面的句子：

> 我的行銷能力獲得○○公司的青睞，隨即被延攬至該公司擔任「行銷總監」一職。

修改之後，這短句強調「挖角」、「空降」的正面印象，應該比上句「虛位主管」的印象好多了。如果面試官真的很在意你帶人的經驗，他問的時候再誠實地告訴他就好了。故意在自傳中「自行爆料」可能連面試的機會都沒有了。

同個職位往往有很多人競爭，如何讓審核者「加深印象」變得非常重要。再度拿「廣告」來比喻，多年前我腰部受傷去看醫生，醫生檢查後說我是「椎間盤突出」，聽到後不知怎地，腦中突然傳出「控巴控控 - 控揪哩 - 控控控，建○中醫診所關心您……」久久迴盪不去。如果自傳也能達到類似的效果，你就贏定了！

我幫一個財務領域的朋友看履歷自傳。他的資歷完整，從基層做起，而且都是在不錯的公司，但這次是面試一家外商，競爭者想必也是實力堅強。相對而言，他的自傳就顯得有些平淡無奇，不過是眾多財務人員中的一個。我看了資料後，發現他都在不同銀行間歷練，但每間銀行都提到軟體系統的使用，還擔任過財務軟體公司的 SA（系統分析

師），和一般銀行財務人員相比，他的「軟體開發經驗」顯然是「亮點」。所以我請他在自傳中加入類似的句子：

> 多年來我對○○財務系統持續涉獵，累積不少心得，因此對相關系統的開發、客製化、與維護有一定的把握……

這樣一來，在 HR 面前，他就不只是個財務人員，而是「懂軟體開發」的財務，「控巴控控」的廣告效果就慢慢浮現了。附帶一提，雖然在自傳中要多展現自己的長處，但修辭上一定要注意，我們要散發「客觀的自信」而不是「盲目的自傲」。這點我從兩位大師身上學到一些「不卑不亢」的表達方式。

記得有次看到王偉忠上電視專訪，主持人稱讚他是企劃製作的第一把交椅，他急忙說：「沒有沒有，很多東西我也還在摸索，但對於情境喜劇我確實有些把握，有些心得。」話說得真是漂亮。另外一位是李宗盛，他在回應主持人的恭維時說：「要我隨時能寫出條經典歌曲這我沒辦法，要靠各方面條件配合；但要我寫條會賣的歌，這我是可以的！」不愧是大師。

這些觀念也都是別人傳授給我的，我希望有更多人能收到，讓他們能獲得更好的機會！希望每位求職者都能順利達成目標！

5-2 ｜ 面試難題 TOP 10

春節過後的兩個月是跳槽的高峰期，我身邊也出現幾位剛換工作或是準備換跑道的朋友。Jayne Mattson 是一家美國獵人頭公司的主管，她在商業網站上發表了一篇〈Inside the Recruiter' s Head: What He' s Really Asking You During the Interview〉的文章挺有意思。她提到面試者會在會談過程中提出各種的問題，有些很制式，有些很別出心裁，但這些問題的背後其實都有「弦外之音」。不少青澀純真的求職者只聽了問題的表面而沒抓到隱藏的「魚鉤」，明明面試時歡樂溫馨，結束後卻石沉大海，搞不清到底發生什麼事情。本文就是在談這些「問題背後的問題」。

根據 Mattson 個人招募的經驗，負責面試的主管或是 HR 心中，真正想了解的不外乎以下幾個重點：

1. 這人是否有能力勝任？
2. 這人對此工作的意願？
3. 這人是否和公司文化契合？

以上三個目的往往用聽起來完全不搭嘎的問題來包裝，如果你應徵的是純技術類的工作，或許重點還是放在本職能力上，但若你的工作涉及領導、溝通、與管理，面對這些包裝過後的問題就不可不慎，因為面試者除了藉此了解你的價值觀與態度外，也在考驗你應對的能力。

列出十大難回答的問題及背後的「隱藏問題」，請務必小心留意：

1. 你為何離開之前的公司？

如果是被裁員的，這問題固然有點難堪，但除了誠實大方地回答也沒有第二條路可走（業界很小，千萬別說謊）。如果是自願離職的人反而要小心，因為你對前公司的不滿，很可能也發生在現在這間公司。好比當你說「之前的公司工作時間太長」之前，要想想現在這間公司是否也有一樣的狀況。Mattson也舉了一個棘手的例子：有位求職者表明自己離職的原因之一，是跟老闆溝缺乏暢通的溝通管道，難以了解老闆決策的細節！面試者馬上回問：可不可以舉個實例來說明？求職者接下來的回答，極有可能被面試者用以判斷你在前公司的確實的層級到哪裡，以及你是否習慣事事依賴老闆，無法獨立作業？

2. 對於你的上個老闆，你欣賞與不欣賞的特質分別是什麼？

這題一聽就知道有陷阱！你前老闆到底是何許人也，面試者多半不在乎，他們真正想了解的，其實是你的表達能力與價值觀。

不管你對前主管的真實評價為何，在回答這個問題時要切記「平衡」原則。一味地批判前老闆並不會讓面試者與你同仇敵愾，只會覺得你

真是個情緒化的人；而過度吹捧前老闆，則可能讓你說話的可信度打折扣（既然老闆那麼好為何要離開？）。我個人認為，這類問題一定要先準備好一套中立客觀說法，在心裡順過一遍再上場。我之前從一間小公司換到大公司時就被問過這一題，當時我的回答大致上是這樣的：「前老闆最讓我佩服的是他積極進取，即知即行的態度，但凡事都是一體兩面，對於事前計畫和風險控管也確實比較疏忽，這也正是我未來在新公司計畫要加強的方向！」

3. 你要如何告訴你老闆或是員工「壞消息」

這題英文原文是「你如何告訴一個二十五年資歷的員工他被解雇？」我不確定這題目在台灣是否常見，倒是聽過有人被主考官問到：「若專案發生不好的狀況，你如何決定哪些事情要告訴主管，哪些不要？」這類問題其實是面試者想了解你的責任感、判斷力、及揭露壞消息的勇氣。如果你回答「大小事情我都會讓老闆知道」對方可能覺得你不夠有擔當，如果答「小事我自行處理，無法處理的才會告訴老闆」也可能讓對方擔心你會知情不報。

目前聽過比較穩當的回答是：「在我職權範圍內的事情，我會立即處理並回報主管結果；職權以外的事情，我會立即回報並同時研擬幾個

解決方案供主管參考。」

4. 當你的工作表現優異，你希望獲得什麼樣的讚賞？

想像一下，你對面正坐著一位初次見面的女孩子，你們彼此互有好感，女孩試探性地問：「你比較喜歡什麼樣的女生呀？」結果你興奮地回答：「喔呵呵呵，當然是胸大、腰細、腿又長的正妹啦！」我們都知道這是事實，但在這樣的場合實在沒必要惡搞自己對吧？

同樣，當面試者問這個問題時，他其實是想知道什麼樣的事情能讓你產生興奮動機，就算你心裡想的是學貸房貸與車貸，但還是要強調工作本身帶給你的成就感和自我實現，尤其當你應徵的是主管職時，對方也想知道你將如何激勵你的部屬。如果你覺得完全不提到錢也太假仙了，不妨這樣回答：「成就感和專業上的認同對我來說，是能長久待在一間公司最大的原動力，而我也相信在貴公司的制度之下，當我達成前兩項的同時，也會帶來相應的財務回報。」

5. 當你和主管／員工意見不合時，你通常如何處理？

這題很自然地是要考驗你溝通與化解爭議的能力，有經驗的面試官可能要你舉出實際的例子來證明。我想溝通最大的重點就是「真誠的傾

聽」，並且具備「同理心」。如果你面試的工作和溝通協調有很大的關係，最好事前多準備幾個過往的實例來說明。

6. 你認為什麼樣才是一個誠信的員工

誠信、倫理、或道德議題在金融、法律或是涉及高度智財權的產業很容易被問到，雖然可能是制式的問題，但絕對不能以輕浮或開玩笑的態度面對。我聽過一個印象深刻的回答供各位參考：「面對道德兩難時，我會先假設我做的事，說的話，都會在成千上萬人面前公開，如果我會因此感到難堪，我就不會做（說）。」

7. 你如何和不同世代的同事相處？你認為他們有何特色？

假設你是個六年級的主管，你要面對四、五年級高層以及七、八年級的員工，你對不同世代人的接受能力以及溝通技巧會是面試者很想知道的。我自己是沒被問過這個問題，但我覺得講太多個別世代的優點缺點其實很危險，對方有可能覺得你太過「意識型態」，比較安全的回答是類似這樣的：「雖然每個世代的人有其生活經驗的共通性，但我認為每個人都是獨立的個體，都希望被尊重，我會以這樣的原則跟每個人溝通。」

8. 你認為「年齡歧視」是職場普遍的問題嗎？

年齡、性別、與種族歧視在美國的職場上是個相當敏感的議題，如果企業公開以年齡、性別、或種族為招募的條件，很快就會收到律師函，台灣不至於如此，所以我猜很少雇主會提出這樣的問題。比較可能的是類似這樣的狀況：好比在一個以男性為主的工作環境，遇到了女性的求職者，雇主可能是抱著「打預防針」的心態在問這個問題，一方面暗示職場的特殊環境，同時也是測試求職者對這樣的環境有沒有心理準備，這樣的弦外之音一定要聽出來，如果還很白目地發表一篇「兩性平權」的演說就太天真了。

9. 你覺得和其他競爭者相比，我們最該雇用你的理由是？

這問題其實是面試者給你一個機會，讓你盡量宣傳自己的價值。如果講得平淡無奇，或是邊講邊低頭，眼神飄忽沒自信，等於把加分題變成扣分題，那就太可惜了。所謂宣傳自己，要講的是自己可以帶給公司的「價值」，而不是你想來公司「得到」什麼東西。

一直到這幾年，我還是常聽到年輕的求職者把「我是來學習的」這句話掛在嘴邊，我跟你打賭，你對面的面試者心中的 OS 一定是：「那是我該跟你收學費了！」假如你真的是社會新鮮人，你該強調的是，你很勤快，什麼都願意做，這才是對方想聽到的。關於學習，也不是不

能講，而是要強調自己「有快速學習的能力」。跟各位分享我面試一間美國企業時的回答：「我學習很快，而且善於傳授，雖然我要求的薪資較高，但我有把握在短時間幫公司複製出三個跟我相近的專才，雇用我其實是省了一大筆成本。」

10. 在你過去待過的公司中，你欣賞什麼樣的公司文化？

這題顯然就是在確認你是否與該公司的文化相契合。如果你真的想得到這份工作，就一定要做研究並且投其所好。我以前替公司面試工地的行政小姐，上班地點是個建築工地，結果來了一位嬌貴的年輕美眉。她很嚮往當秘書所以來面試，我問工地的環境妳能接受嗎？她說她很願意試試看，而且她不擔心，「因為男朋友會陪我過來，你看，站在水泥車旁邊那個就是我男友！」。雖然美眉一走，其他工程師馬上湊過來說：「這個好！」但我的理智還是告訴我，別找自己麻煩。所謂文化，就這麼回事！

求職和求偶其實差不多，為了美好的未來，我們該小心謹慎，步步為營，這不是耍任性的時候。建議你，準備幾句適合你自己的台詞，下次面試絕對可以為你的臨場表現大大加分！

5-3 │ 求職要勝出，先問自己兩個問題

有次和一位管理顧問界的前輩吃飯，他前幾年離開美國回台灣創業，在亞太地區經營高階的人力仲介公司。席間他跟我分享了不少我從來不知道的事情。像是近年來台灣的外商紛紛轉進大陸、香港與新加坡等地，有不少具備外商經驗的高級主管因為不願意外派，失業兩三年的大有人在。我也有點驚訝地發現，其實有些人已經做到大公司的主管職，卻對自己職涯規劃少有投入。好比說，這位前輩最近就輔導了幾位主管進行職涯規劃，他告訴我，所謂職涯規劃，不過就是釐清兩個重要問題，但有些人職場一路順遂從未認真思考這些問題，直到工作上出現狀況，才來慌忙求助。

這兩個問題分別是：

1. 五到七年後，你想達到什麼樣的職場成就（包含職位、薪資等）？
2. 你和你的同儕相比，你的差異（Differentiator）是什麼？

聽起來很簡單，但他告訴我，時時把這兩個問題放在心中的人卻少之又少。甚至連這些曾是職場菁英的主管被問到這樣的問題時，常常思考好幾週都還答不上來。其實這兩個問題，就已勾勒出職場勝出的規則。

我們常常身在某個遊戲中，明明非常想要贏得獎品，卻不願意花時間

精力先去搞懂遊戲規則，更別說擬定策略去贏得遊戲了。這就是人的矛盾。

大一的時候，我面臨了一場不小的價值觀衝擊，對我的人生產生重大的影響至今，這一切都是從跟大學生沒什麼關連的「讀書與考試」兩件事情開始。

剛進大學的時候，心想好不容易擺脫聯考的八股填鴨，終於可以學習真正的專業知識。從小就立志要出國讀書的我，不斷告訴自己在課業上一定要好好大展身手才行，放射出萬丈光芒的我，在學期末卻整個熄火了！學期平均竟然只有七十六分，手上拿著這張該死的成績單，心整個涼了！

校園裡一個比一個有趣的活動，一個比一個可愛的女生，我都忍痛放棄，結果竟是得到這樣的下場。其中最令人髮指的，是班上幾個玩咖同學竟然考得比我還好。看到這裡李組長覺得案情並不單純，我開始對自己產生以下的懷疑：(1) 你是智障嗎？我當然不是，大家都是用差不多的分數考進來的，應該是一樣的智商才對；(2) 讀書方法不對？嗯，這點確實可疑，我們看下去：

大學每堂課，除了指定課本外，我還會把多數的補充書籍都買來看。不但如此，我還把老師指定的原文書一頁頁看完，甚至老師跳過不講的章節，我也盡量翻過一遍，這花了我非常多的時間（和買書錢）。但我後來發現，幾位機伶的同學基本上只專注在隨堂筆記或講義，還有跟學長借來的考古題。他們利用考前幾周專注複習這些內容，甚至有些主動的同學直接問老師考試的重點是什麼。他們這些傢伙，有的竟然連課本都沒買，頂多跑去圖書館影印重要章節，而且還是中譯本。這真是令我太不屑了！因此到了下學期，我仍舊擁抱「七十六分」的驕傲，雖然不願意承認，但那些機靈的同學則擁有「八十六分的成績與一百二十分的課後生活」！

當時班上有位同學也跟我一樣立志要出國念名校，她的成績不是全班第一就是第二，我是相當佩服她的。有次她跟我說她是以「能拿到學期平均八十五分」作為選課的依據，如果估計該學期的必修課很難拿到高分，她就會選修容易拿高分的課，總之目標就是讓學期平均超過八十五。我聽了後震驚不已，這正是我最不屑的手段呀！

她大概看出我臉上的扭曲與心理的矛盾，就說：「你的目標不也是出國讀書嗎？那你應該知道國外入學委員看的是你的各學年平均成績的

分段值（所謂的 GPA），超過八十五分可以穩穩拿到 A，如此才有勝算進入十大名校。」

「可是妳難道不覺得我們應該多修一些真正有價值的課程，不該為分數讀書吧？」我說。

「什麼是將來真正有價值的課程，現在定義都太早了，容易拿分的未必是沒有價值。而且考試高分代表老師強調的重點你有抓到，為分數讀書未必等於沒學到東西！另外，想要出國深造卻因成績不夠申請不到學校，那豈不是都甭提了？」，她的回答每個字都像圖釘一樣按進我的心裡。現在回顧當時的我，能算是個有目標的人嗎？我想不是！雖然我嘴上說想要出國讀書，心態上卻沒有真正了解並認同 GPA 這套遊戲規則。確實，「目標明確，勇往直前」與「積極鑽營、見縫插針」有時很難定義出差別，但失敗者通常會給成功者扣上後者的帽子，這也是我當年有過的錯誤心態。

最近書上看到一個更極端的例子，實在是相當有趣，值不值得學習就請讀者自行評價了。提摩西・費里斯（Timothy Ferriss）是暢銷書《一週工作四小時晉身新富族》的作者，這小子不到三十就創立一間跨國

公司，並成為紐約時報與國家地理專文採訪的旅行家，更誇張的是，他還是探戈旋轉步金氏世界紀錄的保持人、香港連續劇演員、以及「全美散打武術冠軍」，其中這個冠軍，他竟只花四周時間訓練。

很多人苦練十年的武術都拿不到冠軍，這個門外漢是怎麼做到的？他在某次跟朋友聚會的場合被慫恿參賽，他想既然要比賽，就不能輸得太難看，他開始研究散打的參賽條件與規則。首先他發現如果他能排到較輕的量級，勝算會提高，所以他用脫水法在十八小時內減重十三公斤，正式比賽前再大量補充水份回到原本的八十八公斤，等於比他的對手高出三個量級。其次他細心研究散打的比賽規則，發現打者只要在單一回合中跌落賽台三次就算對手勝利，這成為他唯一的「絕招」。他拼命把每個身材小他三號的對手推也好擠也罷總之弄下台去，最後靠一路打爛仗把冠軍盃拿回家，我猜觀眾應該都笑翻了，但裁判和主辦單位應該超級不爽！

提摩西認為，「拿到武術冠軍」跟「成為武術家」是完全不一樣的事情，他從來不敢跟別人說自己武藝高強，但他懂得如何在比賽中求勝。至於我自己，則在大三之後才徹底領悟，原來「升學」與「治學」也是不太一樣的課題，我的問題就出在，明明心中要的是升學，卻沒有

採行相對應的作法，走了冤枉路不說，也沒達到自己目標。

職場上每一種選擇，都像一種棋局，每種棋局都有各自的遊戲規則，如果不知道自己想下的是圍棋、象棋、還是跳棋，別人是很難給建議的！這也是為什麼那位前輩會問求職者的第一個問題就是：你未來想在職場上達成什麼樣的成就？願景有了，很容易知道該具備哪些條件。

其次，你跟同儕相比，具有什麼樣的優勢？想想你還欠缺什麼需要補足？你跟其他競爭者相比，有何特殊之處？選人才就像選西瓜一樣，想被挑走，你並不需要是世界上最大最甜的西瓜，只要比周圍的西瓜看起來大一點點、甜一點點就 ok 了！

誠實面對自己想要的，了解遊戲規則，擬定可行策略，凸顯和競爭者的差異，這是我從專業的人力顧問那兒學到的。

5-4 ｜三個圈，畫出你的領域

我們常在部落格發表各式各樣的文章，所以三不五時就會收到網友的來信，有的要我對他們的出路給建議，有的則直接把履歷寄過來希望給點建議，甚至個人情感問題也出現在信件中，希望我們用理性的角度幫助他們分析。

從來信當中我發現一件事情：詢問感情問題的網友，信中往往用很多篇幅詳述自己的心情與處境；而詢問職涯問題的人，則很專注在就業市場的發展性，甚至希望能抓住下一個明星產業。說實話，我覺得啊，感情問題光看內（關注自己的感覺），而生涯規劃只想外（就業市場的發展），本身就是最大的問題。兩者的方向正好都錯了！

我們部落格中談兩性關係的文章裡，往往用各種思維模型來解釋我們遭遇到的難題，就是希望深陷愛情迷宮的朋友能「登上高台，俯瞰全局」，或許就能走出迷陣，畢竟那個人遇到感情挫折不是往心眼裡鑽呢？而面對生涯規劃的分叉路時，我覺得心態則要剛好相反，最好不要太在意外界所謂的「明星產業」與「金銀銅鐵飯碗」，反倒該多多「捫心自問，檢視自己」才能做出合理的決策。

面對生涯發展的決策，思考方式其實很簡單，用「三個圈圈」就可以

搞定了。

第一個圈：找出有興趣、有熱忱或覺得自己擅長的領域與條件（主觀）
第二個圈：曾獲得身邊人們稱讚或肯定的事實與特質（客觀）
第三個圈：市場存在的職位、機會、和專業領域（市場）

你先找個安靜的地方坐下來，拿出紙筆，畫出第一個圈並仔細想想裡面有那些內容，然後才畫第二個圈，並試著找出和第一個圈的交集。最後再拿這兩個圈的聯集（非交集），試著去套第三個圈，尋求三者間的完全交集或部分交集。

講到這裡，我想大家應該多少懂我的概念了。這個思維模型最重要的是第一個圈（探索自我），其次是第二個圈（客觀意見），一般人特別在意的產業發展這第三個圈，反倒被我放在最後。

為什麼不把第三個圈當成第一考量？首先，因為經濟發展就像是個永遠轉動不息的輪盤，球會停在哪個數字格裡是很難預測的，就算僥倖被你猜對一次，輪盤很快又會再度轉動，球跑了，但人卻老了。如果把「追逐明星產業」當做思考主軸，你等於是把自己的職涯投入一場

盲目的賭局，下注的籌碼是我們的青春年華，人一生能投注幾次呢？

不該把產業發展列入第一考量的原因之二，是因為「人是有個性的動物」這件事實。就像談感情一樣，有些人客觀條件很好，但另一方就是看不上眼，其實沒什麼道理可言，純屬個人喜好罷了！選了一個「政治正確」卻「味道不對」的職業，就像勉強結婚，也是一種賭局，賭的是「能不能忍受一輩子不爆發」，這樣會不會太辛苦了？

可惜我們自小受到的教育，比較重視社會需求而非個人性向。在美國上班時和老美同事的小孩聊天，我發現外國小朋友非常喜歡大談自己將來想做什麼，想變成什麼厲害的人之類的話題。其實華人的小朋友一開始也是，但不知怎麼的，從學校出來之後似乎被「規格化」了，社會認同的「光明前途」逐漸變成眾人共同的選項。我認為這是相當危險的，這等於把「認識自己」這堂人生必修課，推遲到進入社會之後，甚至年近三十才開始修習。

「極端」所帶來最大的危害，是引來另一個「極端」。在過度強調主流價值的社會裡，往往會醞釀出過度的個人主義。就像媒體大肆報導一些傳奇的創業故事（如蘋果的賈伯斯、臉書的祖克柏），或是一些

名人追求理想的歷程（魏德聖、林書豪），往往把年輕人引導到另一個極端，只要我有個好點子，只要我堅持理想，我也可以像他們一樣！我不能說這樣是不對的，只是這在我眼裡絕對是另一個極端。

關鍵在於，對於你的人生，你想要痛痛快快地賭上一把，贏了爽上天，輸了反正老命一條；還是真正有策略地實現自己的理想並且找到幸福呢？（話說魏導和林書豪也是按部就班而且非常有策略的，絕不是豪賭一把。魏導拍海角是為了《賽德克巴萊》的募資，而林書豪當年選籃球不怎樣的哈佛也是經過一番深思）所以我認為最有系統化，最有彈性且不走極端的方式，就是好好畫這三個圈圈。

第一個圈，好好問問自己，從小到大，什麼事情你自己覺得比較擅長，或是，什麼事情你覺得真的非常吸引你，常讓你樂此不疲。看似這是兩個不同問題，但答案往往是一致的。霍華德・加德納（Howard Gardner）寫的暢銷書《發現你的天才》就強調，我們的熱情往往就透露出我們天賦，這兩者乍看之下或許不完全契合，甚至有矛盾之處，但仔細觀察一定可以找到背後的共同點。有位個性非常活潑的女生，從小對藝術著迷，在大師的畫作前一站就是半個小時，常常看得出神。矛盾的是，她在藝術學校裡卻總是嘻嘻哈哈坐不住，一幅像樣的作品

都沒有，倒是和同學都打成一片！分析後她才了解，原來「藝術鑑賞」跟「藝術創作」是不一樣的，但都是獨特的才能。

這女生後來成為美國知名的藝術評論家和藝術經紀人，你可能聽說過，這行業做到頂尖收入是相當可觀的，重點是數不清的人願意付錢給她做她最喜歡的兩件事：欣賞畫作、與人交流！股神巴菲特說過：「我很幸運，既能做自己喜歡的事，又能賺很多錢。」我常在想，說不定就是因為他如此樂在工作，才能賺到那麼多錢！人生只有一次，花在「探索自我」的時間和精力永遠都不會浪費！。

第二個圈，多了解周遭人們對你的看法，尤其是你的特質，這會幫助你把第一個圈畫得更完整，畢竟旁觀者清，當局者迷。我自己在學校畢業後，曾做過一陣子結構工程師的工作。設計橋樑樓房是我認為非常酷的事情，但真正投身其中後，我竟發現自己對於計算鋼筋量、計算力學這些繁瑣的思考很冷感，反而對於如何增進工作效率這件事情很熱心。當時我發現所有的結構計算最終都要作檢核，而檢核不外乎是「簡支樑」、「連續樑」、以及「柱」這幾種結構元件，重複性很高。因此我自己用 Excel 的函數把這些共同的計算做成一個自動試算表，計算書的格式也都調整好，將來只要在統一的欄位輸入基本數值，做些

微的調整，一份計算書就自動完成了，我把這個檔案寄給主管和其他前輩，想說可以幫大家省點時間。寄出之後我立刻後悔，因為真正複雜的結構我還是不太行，只能做這些「小兒科」的貢獻，想想真慚愧。

沒想到我的主管竟然特別稱讚我，說大家算結構十多年卻從沒有人做這類標準化的事，我非常高興，就是從那時候起，我開始認真思考，或許相較於結構設計（當時在我的第一個圈圈內），從「工作流程中找到提昇效率的方法」這件事情似乎也挺有意思，而且也強烈地引發我的興趣，我相信這對後來我走上管理顧問之路有關鍵性的影響。

以上第一第二兩個圈，是每個人都要一輩子好好釐清，並且深深印在自己腦海裡的。這兩個圈一開始未必完美地重疊，有些事情你自己覺得自己真不賴，但旁邊的人不以為然，當然有可能是你自嗨，也有可能是旁人尚未發現你的好，這都有待時間證明。另外有些特質或長處你自己覺得還好，但卻頻繁地受到旁人的讚美，或許也該思考一下這說不定真是你的強項。

有了兩個圈作為基礎，接下來才是在就業市場與專業領域中找到自己的定位。試著在瞬息萬變的環境捕捉到上升氣流（明星產業），還不

如踏實地打造自己航空器，這是我自己的策略。其實你看看最近幾個當紅產業（房地產、智慧手機、社群網站）中的頂尖人物，其實都是在該產業還沒成形之前就已經投入了。

我甚至覺得，當你聽到哪個產業很夯，除非你早已布局，否則應該把它直接刪掉。這跟股市投資的原理很像，當大街小巷都在談論某支股票的時候，你該做的是出場而不是盲目跟進。

報導上看到有個年輕女生，因為對拼布很有興趣，就自己不斷地研究，甚至參加不少國家的展覽，現在還進軍日本，成為非常有名的拼布達人。我們這個年代消費思想開放，加上網路發達，只要產品服務夠有梗，幾乎賣什麼都能變成一個產業。你說拼布能算一個產業嗎？和 LED、太陽能這類產業相比恐怕是小兒科，商業媒體不會報導，求職網站沒有職缺，大學裡更沒有拼布系與拼布研究所。但我相信那位拼布女孩成就感（還有賺到的錢），很可能超越多數同年齡的竹科工程師。而這個「好康」是怎麼被她發現的？我猜她只是在心中清楚畫出第一第二個圈罷了。

後來有網友告訴我，其實拼布這項手工藝的市場還挺可觀的，所以，除非你原本就是同好中人，否則這行也別跟進了。

5-5 ｜求職時該做與不該做的十件事

這幾年自己找人也好，或是協助朋友與網友做求職前準備也好，發現一般人對於「資方的期待」常有誤解。以至於明明本人很優秀，但呈現出來的內容，不但讓自己優點無法展現，還容易讓面試官有所疑慮。以下列出幾點我個人覺得求職時很致命的一些點來跟大家分享。

1. 家人不重要，除非他們很重要

新鮮人最容易犯的毛病，是在自傳中聊太多家人的事情。談家人本是無可厚非，略略聊一下家庭背景確實能幫助公司了解自己，但是談太多家人的事情其實就不好了。如果你花很多篇幅談一些面試官未必有興趣（是，很抱歉，雖然家人對你很重要，可是對別人未必）的議題，很可能他就沒耐心細讀後面的內容。

你若還有後面內容也罷；萬一沒有，那談太多家人的故事更是傳遞出一個負面印象。等於你很明確地告訴讀這篇自傳的人說：「我這人其實沒什麼好講的，你就聽聽我家人的故事好了」。

當然，家人如果有顯赫的身分（比方說老爸是總統，或是大老闆、或是該領域的專家），寫了可能會引起面試官注意。可是，就算你爸是大老闆，如果跟你要找的工作沒有直接關連，同樣可能帶來負面影響。

以我自己為例，求職者的履歷如果寫說父母自己開什麼知名公司的，我心裡反而會嘀咕：「這人不知道穩定性夠不夠？會不會是個公子哥，來操兩天就放棄，決定回家給爸媽養了？」，換人的成本對企業而言是很高的，大部分面試官都不希望找到一個只是來體驗人生，累了就回家的人。所以如果手上很多選擇時，大部分面試官都可能會放掉這種有疑慮的選項。

你看，家人的事情多寫並沒好處，反而可能帶來害處。最好的策略，就是別提太多家人的事情。

2.「想做」不重要，「會做」才重要

另一個常見的錯誤，是在自傳或面試時大談理想，或自己「期待做哪些工作」。這策略看似充滿衝勁，卻很可能留給主試官負面印象。

公司之所以花時間找人，目的是要解決一個特定的問題，而不是「幫誰實現願望」。你花很多篇幅與時間講自己喜歡什麼，就沒有在有效的「推銷自己」。很可能最後主試官完全不知道你的優勢，跟別人比較起來你就很難突出啦！

當然，並非公司不在意你的個人意願或是生涯規劃，聊個幾句當然沒問題，能適度地讓面試官了解你是喜歡怎麼樣工作。尤其若面試官自己主動問起，你更可以稍微談談你的其他興趣，因為搞不好他覺得你更適合另一個職缺，這問題會是一個開場白。

只是千萬不要別人沒問，自己在那邊侃侃而談。因為如果當你連「價值」都還沒展現，就在大談自己的願望時，就不會讓人覺得你積極進取，反倒只會讓人覺得自大與狂妄，這肯定不是能加分的方法。

3. 有什麼證明不重要，能獨當一面完成工作才重要

有些人在面試時僅重複地強調自己畢業的學校、科系、證照、以及社團經驗這類「事實」，想說既然我這麼優秀、資料都寫得清清楚楚了，你就該用我了吧？但沒想到僅這樣表列其實是遠遠不夠的。這類條件通常僅是「獲得面試」的篩選條件。你來了，表示已經過了門檻，而下一個門檻，則是要說服面試官你「真正」會什麼。

「會什麼」跟有什麼證照或學歷常常是兩件事。很多人有相關經歷但未必有相對能力。

所以在面試時與其重複談你的學歷與證照，不如多談你過去曾真正解決過的問題，或是未來能如何經由過去的能力提供助益。比方與其談說你是個PMP，不如談說你曾經參與過怎麼樣的專案、扮演什麼角色、解決了哪些問題、又能在未來擔什麼責任。

這其實才是面試時最重要的工作：**讓別人知道你具有什麼能力、會做什麼事情、可以獨當一面地解決那些問題**。畢竟雇人是一種買賣，你能越簡單地把事情做好，對方就會越滿意。如前面提到，企業找人的成本是很高的，先要有人放下手邊工作花力氣面試、聘用、保勞健保、付薪水、結果若找來只是個虛有其表的傢伙，需要訓練個半年、一年才能上線用，那是不合算的。

4. 千萬別說你「想學東西」，你又不是要來繳費上課

我親身碰過很多來面試的人，會強調自己「喜歡學東西」→「希望給一個機會能來學東西」。這類講法大概是怕說「請雇用我」太直接了，覺得這樣講好像會婉轉些。

這說法確實很婉轉，可是邏輯上卻太荒謬了，以至於每次聽到都讓我覺得很困惑。畢竟企業招募員工是要找人把「事情做好」，又不是開

補習班，能不能學到東西，面試官有時候也很難掛保證。

公司終究是找人來工作的，面試主管通常也是你日後的直屬主管。他更想知道日後你能怎麼幫他、怎麼減輕他的壓力、怎麼幫他搞定難搞的客戶、協調其他人、或最少把交辦的工作搞定。結果你不盡量彰顯你在那些地方的價值，只是強調自己喜歡學東西、很想學東西、甚至希望雇用自己來學東西，那誰應該臉上都是三條線吧。

能學東西雖然可能是你篩選公司的條件，但面試時公然談起來，就未必討好。我還碰過有面試者在整個面試過程，不斷對於之前公司沒太多教育訓練的部分有所微詞，並擺出一副「公司僱用我就該好好訓練我」的態度，這些其實通常都會被扣分的……

5. 別談成就感，那是穩定性差的同義詞

很多人在回答「為何離開前一份工作」這樣的問題時，會很理所當然的回答「因為之前的公司沒什麼可以學的了，所以我離職」或是「之前的工作做得很熟練了，已經沒什麼成就感，所以就離職了。」這恐怕也是會讓面試官嚇出一身冷汗的回答。首先，這讓人覺得你穩定性不夠。若把你訓練熟練了，很可能你反而要跑了。這篇文章前面再三

強調，對公司而言，薪水、訓練、加招募成本是很高的，要是不能想辦法讓你待到三年以上，公司肯定是虧錢的。所以若聽到你會因為「沒什麼可學」就毅然離職，大部分主管恐怕都會猶豫。

強調成就感這件事，也可能讓面試主管覺得你這人將來會很麻煩。僱用你不但要付薪水，還要一直想些東西讓你學、派工作時還要考慮你會不會覺得無聊、覺得沒成就感。尤其若還兼有第四點覺得公司理所當然要把我教會的，那主管更會覺得自己不反而變成你的保母了嗎？指派太難的工作，到時候你嫌公司訓練不夠；指派給你太簡單的工作，你又嫌沒成就感。這麼難搞，那麼他最後極有可能會挑一個沒這些問題的人。

6. 不要否定自己的過去，那些其實是讓你被注意的原因

再一個常見的錯誤，是在面試時大談自己「不喜歡什麼」。比方說抱怨自己其實不喜歡之前在學校念的東西，不喜歡前一份工作，或是不喜歡前一個公司或主管。別忘了，你之所以會有這次面試機會，通常是面試官從你過去的經歷中找到他要的特質。比方說你曾經讀某個符合這份公司所需求的科系，或是之前在別處做過某個工作，因此有相關經歷。結果找你一來，你卻大放厥詞說你其實不喜歡那些東西，或

是覺得過去那段經歷沒帶給你正面的東西。

如果你是面試官，你會做何感想呢？

7. 你該做的，是多談工作的正面經歷

可以的話，盡量在自傳以及面試過程中談談你之前做過什麼，以及這些經歷帶給你了什麼收穫。這些經歷又對你未來，尤其是對現在要應徵的這份工作能產生哪些幫助。

任何工作，就算是不用花頭腦的執行工作或是一些打工，都不會讓你毫無收穫。可是若你自己沒意識到，不能把這些無形的收穫轉換成你的價值，面試時就很難脫穎而出。所以，在面試前請花些時間想想過往經歷與目前工作的關聯度。在面試時，尤其該多談談你過去經歷如何造就了你，又帶給你未來哪些正面的價值。這部分若能解釋清楚，就算你不是名校、缺乏證照，也是有機會能脫穎而出的！

8. 你該做的，是有什麼缺點自己先提出

如果你有很明顯的缺陷，最好不要等到對方提了才來解釋。這些對方可能質疑的點，若在面試自我介紹時主動先解釋，可能更容易的讓對

方釋懷，覺得你光明正大，而且你也可以把狀況說明到一個正面且合理的方向。

比方說，你之前有兩三年沒工作。這在履歷上很顯眼，面試官通常都會問到。與其等他問，不如自己先提到這段經歷。

「之前有三年時間家裡需要人手，所以我回到家裡的店面幫忙。可是對於 XX 我還是很有熱情。所以目前家裡店面穩定了，我就想出來做這個自己一直想做的事情。雖然離開業界三年，但這三年我還是有成長，在與人應對、產品銷售、行銷推廣上都因為店面的工作而有所提升現在我要應徵的這工作之後會有很多時間需要跟客戶協調與提供服務，我覺得以我過去這段經歷，能讓我很快察覺顧客的潛在需求，並提供最好的方案介紹。相信這能為公司帶來好的價值。」

這樣幾句解釋下來，面試官可能就不會再這議題上繼續深究下去，也能讓面試導向跟你能力有關的議題。比方說可能就談起怎麼察覺客戶潛在需求，你若這部份真有能力，搞不好就能成功說服面試官了！
可是若你自己沒先提這履歷缺陷，對方問了你才回答，反而就沒加分

的效果了（變得只是在防守）。甚至若回答不好，面試官還覺得你很可疑。如果整場面試都變成在問你那三年的行蹤，正事反而沒談清楚，這就不值得啦！

9. 清楚告訴對方你的價值

就算你不好意思直接講，也應該要在面試時清楚傳遞出：「**公司應該雇用我！因為雇用我後，我能為你（或公司）帶來什麼好處。**」這樣一個訊息。

這訴求雖然看似有點赤裸裸；但好處在於這概念能清楚簡單地讓面試官理解選擇你有什麼好處。 他要僱用你，並不是他好心、不是想讓你學東西、不是你畢業名校、不是你有證照、也不是你履歷或自傳寫得好，完全是要找人來解決他的問題。

所以若能明確表達，1. 你理解他的問題是什麼，2. 你有什麼能力幫他搞定這問題，那這「交易」自然就容易一拍即合。

事實上，面試這件事情的本質，就是面試官要在十五分鐘到一小時之內，搞清楚你到底能做什麼、能多快上手、是不是有你宣稱的這麼好。

也就是說，他本來就是要搞清楚「你能為他帶來什麼好處」。你若扭扭捏捏的，回答的內容都不能讓對方釋疑，那結果當然很難會好的。

10. 可以的話，履歷要針對不同的公司微調

每間公司都微調可能太費時間，但至少要針對不同產業或工作屬性做調整。不同產業與工作屬性要找的人員特質未必相同。如果你已經有些工作經歷，絕對不要只是平鋪直敘地說你做過這些事，而要強調這些工作經歷對這份工作（或產業）有哪些加分。

你現在的樣子，本來就是過去所有生活經歷的累積，多強調過去經歷對塑造現在的你產生的影響，以及這些影響為何能為他人（也就是對方）產生正面價值，你就能傳遞出正面、有能力、以及具雇用價值等特性。若你能讓面試官理解並認同「原來你過去經歷能對現在這份工作有這樣的幫助啊」，面試成功機會就會大增。

缺少工作經歷者，則該清楚解釋你的成長歷程、閱讀經驗、社團經歷、甚至留遊學經歷能**如何創造價值**。這些都能增加你被注意，甚至被錄取的機率！

後記

寫履歷以及面試，其實是一個行銷活動。你要把東西賣掉，要想的是對方的需要，以及我能怎麼解決對方的問題，所以要設身處地、以及將心比心。如果心裡想的都是自己的需求，強調的都是自己想怎麼樣，那麼除非碰巧你的能力與經歷在市場上非常稀少（完全賣方市場），否則很容易就被別人比過了！

5-6 ｜年度職涯健檢 關於履歷表更新

我常常建議大家，每年至少應該更新一次自己的履歷表。定期更新履歷表，其實是一場我們對於自己職涯健康狀況的健檢。我們都知道身體應該要定期做健康檢查，量量血壓、測測膽固醇、照照 X 光片，目的是看到身體有沒有不良的狀況。若有，接下來可能得在飲食、運動、或是藥物控制來因應這些狀況的影響。

職涯發展也是一樣，我們很容易迷失在每天朝九晚五的日子中，忘了自己的夢想、也忘了自己在這個職位上的初衷。而透過定期更新履歷表的職涯健檢，則可以幫助我們找出自己的初衷，更可以分析一下，自己是否還走在對的道路上。

所以，對於年度履歷更新這件事，我會建議大家其實該以一種健檢的心態來做，最好能遵循下列三個原則：

原則一，履歷不該只有一份

平常沒事時，試著在自己電腦硬碟的某處開個檔案夾，並把自己的履歷。請至少準備兩個檔案，一個是類似流水帳的記錄，一個是主要的履歷檔案，必要時甚至可以準備好幾份。

為什麼呢？因為求職時，投履歷並不只是把自己做過的任何大小事情都丟出就好，而是要針對需求來量身訂做。

以我自己的經驗顯示，求職履歷最好不要寫多餘的東西。比方說，人家要找會計師，你若履歷上寫會調酒、賣過賀寶芙、會國標舞、空手道二段、菜煮得很好吃，恐怕都不會加到分；運氣不好，還會因此減分。

這是因為我們自己認為的「技能」，在別人來看，搞不好會歸類為玩樂的興趣，甚至被認為是不務正業。簡單講就是讓履歷內容符合招募的需求。反過來，你要找調酒師的工作，若說自己考過期貨營業員的證照一樣也會讓人覺得好笑。

有人或許會辯稱：讓對方多了解自己應該不是壞事。對，確實不是壞事，但也不一定是好事。你可以喜歡唱歌、擅長把妹、愛去夜店、會詠春拳，一般公司主管不致於會干涉，但不需要大剌剌地寫出來。因為這些東西會跟不會，幾乎跟你找工作沒什麼關係。要是運氣不好，這稍微跟目前工作無關的一兩樣剛好是對方忌諱，很可能就讓你丟掉一次就業機會了。

但也不是叫你把不相干的事情永遠地都從履歷中拿掉，因為若你換不同工作、不同環境時，搞不好會詠春拳與會煮菜就是一種加分。這也是為什麼我會建議，最好該備有數個履歷檔案。其中一個記錄每年自己各項經驗的變動狀況：比方說做了哪些案子、參加什麼課程、去哪裡參展、寫了什麼新系統、做過幾份企畫書、學了哪些新技能，各類相關不相關的都可以記錄下來。但另外幾份，則是針對「不同目的所用的履歷」。

如果是社會新鮮人，你甚至應該準備好幾個版本。A職位放的內容跟B職位不一樣，必要時甚至連排版與紙張顏色都可以不同。

再來，更理想的做法，建議以模組化的概念來製作。比方說有檔案放工作經歷、有檔案放雜學經歷、有檔案放專案經歷、也有放自傳、或課程學習的經驗。像課程學習的檔案中可能就會包含：學校經歷、公司內訓、畢業後上過什麼課。課程可能還能分門別類的紀錄，比方說軟體課程、軟性技能、管理課程、大學進修推廣部等。而且，紀錄時不要只是寫說「2010-09-25上了排程課程」。最好後面還可以稍微描述一下課程狀況，學到什麼，有什麼心得與經驗。

最後合併履歷時，心得這部分你不用貼上去。但有寫下來的話，你就

可以很快地複習一遍。好處在於，因為你貼上前複習過了，萬一之後面試官有疑問時，你不用回想馬上就能侃侃而談。對方會訝異且折服於你能將三五年前的小事記得清清楚楚的穩當風格。

工作的經歷更是如此。你應該把每年參與的專案以及重大工作成就，獨立在一個文件中詳細記載，甚至有獨立檔案夾放參考資料。比方說照片、獎狀、出版作品之類。將來有使用需要時，你可以很快地找到這些資料。

有系統的維持自己的「年表」就長期而言絕對是加分的。雖然一些資料你目前可能用不到，但不表示過兩三年你一樣用不到。這也是為什麼我建議你最好有一個完整版記錄自己所有資訊的版本，這在日後需要統整出不同類型或目的的履歷時，將會非常好用。

原則二，履歷更新的目的，在於回顧與反省
在此我要強調一個價值觀：**年度履歷更新的核心目的並不是為了騎驢找馬，而是為了更了解自己的狀況，確保人生職涯規劃的方向仍正確。**

意思是說，我們對自己多少都有各自的長、中、短期目標。無論是要

成為一個企業家、成為一個 PM、領導一個部門、或是加入特別有興趣的專案，這些目標都不是想了就自然會發生的，是需要我們自己一步一腳印的去達成。而且不單單是我們默默培養技能就好，還必須在哪天關鍵時刻可以告訴別人「Yes, I am Ready」。

你可以想像自己是電影《天外奇蹟》中的童子軍，到處去收集臂章。以一年為一個單位來回顧自己到底收集了多少個臂章，其實就是「履歷健檢」最重要的目的。

撰寫時，你並不只是為了寫給將來的人事主管看，更重要你是寫給自己看，讓你回顧一整年的作為到底是什麼，離你的目標近了一點，還是其實遠了一些。

隨便舉例來說，A 君今年二十五歲。他希望三十五歲前自己能創業開個雞排店。之所以不敢貿然行動的原因，一是因為資金不足、二是自己根本不會煮東西、三來他也很清楚沒有餐飲經營知識的自己是無法成事的。所以他給自己的中短期目標，是先去 M 速食店工作一段時間，一方面參考各工作流程、另一方面也想培養自己跟客人應對的經驗。

一年下來，他回顧自己的工作。他在履歷記錄中寫下：廚房經歷有了、收銀台經歷有了、倉庫經驗有了。這表示他確實有朝著自己訂的目標前進。接下來，他可以再自問：「我還有哪裡不足？」他思考後發現，M速食店都是中央廚房配送，自己缺乏採購及與供應商協商的經驗，所以他開始考慮，自己是否跳槽到更小的餐廳，他可以直接面對供應商……

透過上面的案例故事，很希望大家能多少領略我們極度建議大家嘗試的「履歷更新法」。這故事中的精神跟〈衝出「離職－求職－抱怨－離職」的漩渦〉這篇文章中提到的那位年輕小朋友的狀況是一模一樣的：你必須從長期目標，回頭來檢討自己到底這一年做的事情是有幫助、還是沒幫助。

若不這麼作，你的腦子會被日常生活的瑣事所自我蒙蔽。

比方說，有可能你剛好被困在很討厭的某個案子上，讓你覺得發展有了瓶頸。但若你從長期目標回顧，發現若有困難大案子經歷對將來很重要，那麼你就能說服自己咬著牙撐過去。反過來說，你回顧若覺得目前的工作真是超級順利。但這也可能表示你自己偷懶只躲在舒適區，躲掉一些對你有幫助但是很有挑戰性的新案子，重複做著已熟練的事

情而沒有繼續突破。

如果你不知道自己要什麼，就有可能被上面這些事情誤導。但若你每年定期做一次履歷回顧，並且深思：「目前為止自己的所作所為對目標達成有加分嗎？如果我要換去一個這領域更高階的工作時，我今年的成就都可以列入履歷嗎？」那你的後續動作就可能完全不同。

原則三，人生是你自己的，必要時請考慮重新計畫
更新履歷還有一個目的，讓你有機會去思考你的人生目標是否真是自己想要的。

以我自己來說，在學校時選了土木工程，但真正就業一兩年之後，發現這工作實在不是自己喜歡的。當然，工作一年兩年下來也確實累積了一些「資歷」。當時我就開始思考，我該怎麼辦呢？我有兩個選擇，受困於這一兩年的沉沒成本繼續待在這領域，或是放棄這些經歷轉職去別處。

當時，我很確定自己不想因為「沉沒成本」被逼著困在某個工作環境上。所以我自己開始思考，如果我真的不喜歡這樣的人生目標，那我

根據目前累積的優勢，我能往哪裡去？

於是我好好地盤點了手上有的東西以及想要的東西。我自己當時有的只有土木的學歷跟三年的工作經驗。可是土木很顯然不是我長期要的方向，要轉去別的地方等於要丟棄一切從頭開始才行。

想了想，發現以我的背景，最容易跨領域的，似乎是排程與專案管理這條路。因為當時公司曾經試著找會 P3 的工程師，不用怎麼會英文（當時的公司是外商）稍有經驗的月薪竟然可以到七萬。我想，工程的核心本來就是專案，搭配這類技能，應該是有發展潛力的。所以我就下定決心往這個領域來轉職，並找了這樣子的公司來投履歷。

也因為自己當時沒有這方面的實務經驗，當然薪水被砍得亂七八糟。現在回頭來看，其實很可以理解，畢竟我從來沒操作過那類軟體，對老闆來說完全是個新人；但當時的自己可是相當猶豫。因為那時候我住在台中，房租一個月還不到五千元。來台北稍微晃一圈，發現幾乎套房都要一萬上下。台中當時住家旁可以找到五十元加飯加湯不用錢的自助餐；但台北隨便買個便當多是八十、九十元起跳。這樣來回算起來，薪水降低不說，支出也大幅增加。整個生活品質降低了大概一

萬五到一萬八左右。

當時對於一下子減少這麼高額的可運用金額當然是很猶豫。花了一整個月在想說是不是值得這樣做。尤其更對比的，是當時還有面試到一個薪水比前一份工作略高一些且也在台中的工作。這表示兩份工作的實際可支出所得差到將近台幣兩萬元。

如果沒有清楚的目標，一般人都會先選薪水高的工作。可是當自己確定新的人生目標是什麼後，我反而寧願接受薪水大幅砍低並搬來台北工作。這也呼應〈衝出「離職－求職－抱怨－離職」的漩渦〉那篇文章的描述，就是合理的期待、與認清楚現實：在這情況下，我知道自己需要的是轉職所需的經驗，那麼薪水自然是可以為長期目標而犧牲的東西，也就不會在過程中多做抱怨。最後，也確實因為這舉動，在長期的職涯發展上得到一個較好的起步點。

換言之，你需要調整你的目標嗎？這也是應該在年度的履歷更新時思考的問題。

或許你去年得到了資歷與年資、甚至也賺到不錯的薪水，但這條路繼

續往前走會通往哪哩，而那目標還是你要的嗎？還是會讓你長期快樂與充實的路嗎？如果不是，那你是否應該要重新規畫你的人生呢？重新思索新的人生方向？這樣才會讓你的人生規劃一直往正確的方向引導過去，而不會為了工作辛苦、薪水、同事相處、安適感這些事情搞亂了規劃，甚至自己一氣之下做些錯誤且衝動的舉動。

另外，我也建議，如果你的目標是要在大公司往上爬。有時候也不要太過心急。有些人工作個一年兩年覺得沒被升遷，就打算跳槽別處。有時候這也會浪費掉你在那個地方累積的年資。畢竟有些位置需要「資歷完整」，而要得到那些資歷，意味著你可能要累積一定的經驗值、接一些不屬於你份內的事情、參加一些很辛苦的案子、多學幾樣技能、甚至自己掏腰包上些不同的課。

你若不從目標回頭思考，你將會一直待在舒適圈（畢竟正常來說，誰會想做些辛苦的案子或是自掏腰包學習？）。但若你知道自己要什麼，這其實反而變成很理所當然的不是嗎？因為別人正常不會去做的事情，而你做了，那就很可能因此得到絕妙的機會……

結論

履歷年度更新的目的，是要了解自己狀況，讓自己不要偏離航道。

人生的本質其實就是交換兩字。該如何妥善的交換，是每個人該花心思去思考的課題。你知道自己想去哪裡了嗎？你又知道你自己願意犧牲哪些東西去哪裡了嗎？若沒有，或許你該今天就嘗試做一次自己的職涯健檢。

讓自己知道自己前進多少，或是能因為自己沒有前進而有所危機感。試想看看，若一年下來回顧發現自己只學了品酒、國標舞、插花、體重增加十公斤，但自己的目標卻是想當個軟體工程師，這樣你還會不緊張與害怕嗎？下一個年度，你或許就會減少這些品味生活的學習經費，至少……會花錢買兩本與工作有關的書來看看，平衡一下人生方向了吧？

附錄
Appendix

目標越接近，困難越增加。但願每一個人都像星星一樣安詳而從容地不斷沿著既定的目標走完自己的路程。——歌德

6-1 │結語

整本書到此，我們談了很多創造自我價值所必須考慮的要素。再來，我們還特別為大家準備了兩樣工具。 一個用來自我評分，一個用來規劃下一步。

首先是自我能力的評分工具。

這工具怎麼使用呢？我們把自我的競爭力分成了五個大類，每個大類下各有三個小類。請以你目前對自己的認識，在各小類下面評估自己的得分。分數為 1-3 分。

- 如果你覺得自己相對於其他人是較為突出的，請給自己 3 分。
- 如果你覺得自己相對於其他人是差不多的，請給自己 2 分。
- 如果你覺得自己相對於其他人是較為不足的，請給自己 1 分。

每一大項的分數是小項的總和。

完成大項計分後，即可在 P.216 的雷達圖上把自己的競爭力圖像化的呈現出來。

如果是一個完整的五邊形，表示你目前以來是很均衡地在發展。如果你各邊都大於六分，表示你目前是略高於周圍的朋友。但若你有任何

一邊特別凹陷，且總分低於六分，那這就代表你目前較弱的部分是那塊凹陷處。

6-2 │上班族核心能力查核分析

評分表　1(低) 2(中) 3(高)

		範例	你的分數
對上溝通能力	總分	6	
	口語技巧	2	
	簡報能力	2	
	對老闆的了解	2	
對下管理能力	總分	3	
	管理知識	1	
	流程設計	1	
	團隊運作	1	
基本專業能力	總分	8	
	EXCEL	3	
	文字報告能力	3	
	檔案整理能力	2	
職場政治能力	總分	4	
	別人覺得我很重要	2	
	有足夠的自信心	1	
	能有效的產出功勞	1	
人脈維繫能力	總分	7	
	能拉拔你的人	3	
	能幫忙你的人	2	

核心能力查核雷達圖

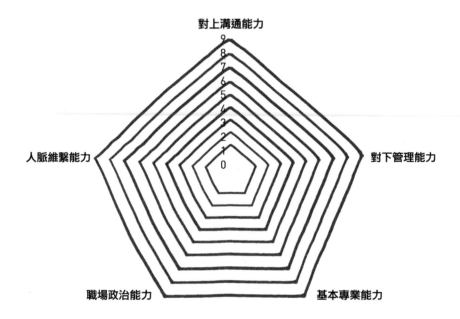

畫出你的核心能力雷達圖吧！

範例：

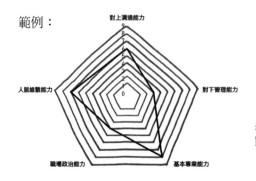

看來此人職場政治能力以及
對下管理能力還稍弱！

6-3 │職場生命力自我檢視表

此外，我們也提供一份你在看完本書後續該進行的行動清單。這份行動清單，把我們這本書中提到的概念，轉換成你該認真思考、與規劃的事項。從目標思考、到自我分析、到環境分析、到履歷調整都包含在其中。這讓你在看完這本書後，可以有明確的方法遵循，並一步一步地讓自己追求不靠名片的自我價值。

我們建議你可以找個空閒的周末，拿出這張表格，從第一項開始一步一步地往後執行。也提醒大家，執行這份表單並不容易，需要你花很多時間思考、分析、列出更多的計畫與清單。雖然看似很困難，甚至可能需要花你數個小時來進行，可是一旦你願意花時間把這些事項好好的想過一遍，你會發現要有效率的達成你的目標，後續你有很多該思考的議題、該努力的目標、也有些該養成的技能。了解這些後，你會知道該往哪邊努力以增加自身能力。如此，自我價值的凸顯，也將變得容易得多。非常建議你能花時間試試看！

待辦事項	說明
進行自我狀況分析	
☐ 訂出你在三年後希望獲得的位置。	花些時間想像三年之後的自己想從事什麼工作、職位、希望多少的年薪。很多人從來沒想過自己的職涯目標，但沒有目標就無法評估自己目前的狀況。所以起點是先決定自己在三年至五年後，到底想要什麼。
☐ 評估自己目前能力還缺少哪些專業技能。	想過自己目標後，該花時間檢視，自己目前的能力是否能順利在三年後達到該項目標。如果有不足的事宜，請列出還缺少哪些技能，是你在接下來的時間中該補強的。
☐ 評估在目前的職位上，是否還能累積這些技能。	這些缺乏的條件，有可能在目前的工作上獲得嗎？把可以、不可以的條件分別列出。可以的部分，請在接下來的工作中努力取得；不可以的部分，請想想有沒有辦法從別處學得。
☐ 若目前職位無助於達成目標，請考慮內部轉調、或是外部轉職。	若目前的工作無助於達成長期目標，或許你該想想有沒有其他部門或是別的工作更適合？把這些可能性列出來。

☐ 為了風險管理，請選出一個想培養的第二專長。	請花時間想想，若三年後沒能順利達到該項目標所需的條件，或是因為經濟環境變化造成三年後該目標不復存在，有沒有其他第二專長是你可以培養的？

一年的成長狀況

☐ 詳細列出你今年有參與到的相關工作經歷。	請拿出一張紙，列出今年你的幾項工作成就。
☐ 列出你今年學到的相關技能。	請拿出一張紙，列出今年你從工作上、或是閒暇之餘學到的各類技能。
☐ 列出你今年培養的相關人脈。	請拿出一張紙，列出今年你從工作上、或是閒暇之餘獲得的任何人脈。
☐ 列出明年度，你打算要學習與培養的事項。	請拿出一張紙，列出明年度你打算培養的技能或是學習目標。尤其列出你打算怎麼做。比方說上課、買書來看、爭取相關專案經驗、或是任何其他方式？

有一份能交代自己的履歷

☐ 花些時間把履歷表更新到今年底。	請找個時間，把你的履歷更新到今年底。

☐ 檢視你的履歷表是否能凸顯你的特長。	履歷如果沒能凸顯你的特長，甚至出現跟你三年後目標職位衝突的經歷，那你可能該修正你的履歷，把你跟目標相關的特長與經歷列進來。
☐ 改寫一個更有吸引力的自傳。	請找個時間，根據書中教你的原則，重新改寫你的自傳。
☐ 評估近年的履歷表是否有一致性的職涯軌跡。	履歷更新後，自己花時間讀過一遍，確保履歷的內容有符合一致性的原則。最好有兩個不同的檔案，一份檔案列出完整的重要經歷，另一份則針對特定工作列出有關連的技能與經驗。

了解外在環境競爭狀況

☐ 分析你的職場人際關係。	思考你跟老闆的關係如何，也思考你的同儕甚至下屬對你的看法如何？你是否展現了明確的做事規則、讓人理解、且是好的工作夥伴？如果不是，想想接下來有什麼改善之處？
☐ 分析你目前所處公司的未來前景。	雖然這對某些人來說有些困難，但可以的話請稍微花些時間想想，就算產業趨勢向上，自己的公司到底未來10年的走勢如何。至少試著分成三種可能性：1. 上升趨勢中，2. 維持平盤，3.下降趨勢中。若公司發展不好，自己是否值得把賭注都放在這裡呢？

☐ 評估一下你的工作是否是在部門（甚至公司）的核心職位中。	如果你的職位不是公司的核心單位，那麼這職位的發展空間通常有限。你必須花時間想想，待在這裡的原因是什麼。試著全盤地做些思考。
☐ 盤點一下，你主要技能的可取代性有多高。	評估一下公司若找一個替代你的人困難度多高，他們有沒有高的誘因做這類事情。這可以讓你評估自己目前職位的穩定度。

職場價值分析

☐ 花些時間想想，你的老闆目前最需要的價值是什麼？	請花些時間想想，你老闆對你職位最大的期待是什麼？哪些事情對他而言是最有價值的部分？
☐ 評估你的日常工作有多少比例是高價值工作，有多少比例是苦勞。	你平常一週的工作中，有多少比例的工作有達到老闆所需要的價值；又有多少比例的工作只是事務工作、甚至是毫無營養的工作。
☐ 要創造哪些價值？你有沒有還缺什麼技能？是明年可以開始補強？	若要提升「價值工作」的比例，有沒有什麼技能或是經驗是可以自我增加的？有的話，請列出這些事情，並做為明年的培養目標。

最後，若在看完這本書，並做了這些自我評分以及後續行動執行方案後，你若還有迷惘或是疑問，也歡迎來我們的部落格「專案管理生活思維」www.projectup.net 做進一步的討論。我們自從二○○七年開始撰寫這部落格，上面發表了很多我們在管理、人生決策、職涯發展等相關的分析與思考，也歡迎大家在上面一起互動、分享你的遭遇、並跟其他網友一起討論。

另外，我們也針對特定的案例，提供職涯發展的特別諮詢。從個人的天賦與職能發展的探尋、管理技能的培養、面試及履歷撰寫的協助等事項。若這本書還不足夠，也歡迎你透過 info@ftpm.com.tw 來尋求進一步的協助！

後記：
下一個階段、下一個時代

「沒了名片你還剩下什麼」這本書的第一版發行於 2014 年 01 月。在那三年後，於 2017 年 02 月這本書有過一次改版。待到了九年後的今天，則是迎來這本書第三次的改版。

現在回顧，這本書其實是九年前的我們針對接下來職場環境演變所提出的預言，以及在此預言下一般人該怎麼應對的建議。這些預言在這九年之間一一成真，而且到今天已清晰地成為你我無法忽視的現實了。

比方說，你會發現，要維持「職涯平穩」今天又比九年前更難。熱門產業的輪替越來越快，新技術推陳出新，一份技能要用一輩子，任何人都知道這是絕無可能了。

再來，我們在九年前就提醒大家，進入公職未必意味穩定，很可能是一場豪賭，這趨勢到了今天也已極為明顯。傳統最鐵飯碗的公務員，隨著逐次的修法與調整，福利越來越少。原本公職最吸引人的退休金制度，已從原來的「確定給付制」改成了「確定提撥制」，這一改變對於公務員的退休保障實是極大的減損。

連政府都不再保障終生，那就更別提私人企業。工作外包、約聘盛行、以及喧囂塵上勞健保終將破產的傳言，都一再證實，這世代的我們，已很難像我們父母那樣，去一間大公司、默默地埋頭做事，隨著職級提升、年資增加而自然獲得保障。

此外，這幾年你或許也會發現，身邊越來越多人透過建立「個人品牌」的方式來獲取長期的競爭力。他們開展了不需要名片，不依賴特定組織的全新職涯。他們遊走不同公司，或因知名度而被挖腳，甚至能獨立接案、獨力完成工作。

以上這些，真的都是我們在九年前第一次出版此書時的預言，還有相對應的建議。

那往後走呢？這些還適用嗎？

確實還適用。因為接下來恐怕更是個混亂的時代。無法依靠組織，連政府都不再保護公務員了，我們唯一能仰賴的，就是讓我們具備沒有名片、不依靠組織，都還能好好生存的能力。也因此，就是因為這些趨勢更加明確，這本書的諸多建議，反而更需要你在接下來的時間中認真實踐。

但有沒有什麼新的事物演變值得你我注意呢？

有。從今年往後看，我覺得有一個議題很重要，可能影響接下來整個人類的生活、工作、甚至歷史演進。這議題就是在 2023 年「生成式 AI」開始投入應用。無論是 ChatGPT、Stable Diffusion、Midjourney、微軟的 Co-Pilot、或是 Meta 釋放出來的 LLaMa 模型等等。只要你有稍稍接觸，你就知道「生成式 AI」以及相關的各類應用多半是接下來數年間，對工作影響最大的一個變數。

因為原本知識工作者所具備的認知、判斷、發想、文案、語言、設計、程式等等的工作，從今天開始電腦可做得跟人類一樣好，甚至將大幅超越你我。換言之，如果我們工作十年下來、擁有的只有名片、頭銜、文憑、與年資等虛名，那在接下來的職涯競爭上，我們可能被一台電腦給簡單取代。

所以，往後走，你我更需要能讓別人「留下印象」。

但我們該怎麼讓別人「留下印象」呢？有三個目標，是我建議所有人接下來可能都該重視。

目標一，更洞悉根本

ChatGPT 的興起，我覺得最好的一件事情，是讓每個人都能進行「洞悉本質」的學習。

以我自己而言，過去學東西可能是買書、可能是上課。但你看書時，多半跟我一樣，可能會對某一段作者的推導產生疑問。比方說作者可能文字寫說：「通貨膨脹嚴重時，聯準會會傾向升息」。但如果你不是經濟系出身，總經的基礎也不深厚，很可能就不理解為何他做出這樣的結論。

這在過去，多半你也沒辦法。畢竟書本不會回應你的問題，作者更是遠在天邊，你就只能囫圇吞棗地繼續看完。就算是課堂上課，你若基礎不穩固，也很難一直舉手打斷老師。最多就是下課時問

一兩個真正關鍵的問題,其他細微概念終究只能靠自己想辦法。

但今年對我而言學習上最大的不同,就是我在看書的過程中,可以嘗試跟 AI 工具(如 ChatGPT)對話,而這讓我在認知上有很大的突破。因為我可以把看書時獲得的「任何疑問」拿去問它。我可以請他嘗試解釋為何作者有這樣的結論?我可以問它如果聯準會不升息會怎麼樣?我可以問他除了升息,聯準會還有什麼選擇?我甚至可以問他為何聯準會這麼害怕通貨膨脹等等。

這些書中沒有寫到,但若我透過跟 AI 的問答來理解,那我就能對這議題有更全貌的認知。甚至若 ChatGPT 的回答讓我覺得深奧,我還可以要它用另一種方式解釋,並要它對延伸的概念做說明,甚至我用自己的理解來問它我這樣的理解是否正確。換言之,只要你想得到的問題,都能拿來問。

這我個人覺得超級棒。因為過去幾乎沒辦法有一個知識庫能任你提問。就算你去 Google,Google 也只是幫你搜尋「相關文章」。這些文章你還得自己讀懂。但偏偏文章未必有直接回答到你的問題,而要在這些文章海中理出頭緒,對很多人而言還是不可能的任務。大部分人最後多半也是看個幾篇後就放棄。

但在今年，透過 ChatGPT 的整理與提問，讓新的學習方式開始成為現實。這是我建議每個人都該熟悉的新形態學習方式。因為有這麼完美的 AI 工具，你願意跟它對話討論，就可以把很多事情學得完整、學到通透。過去一定有很多你其實一知半解的知識，但如果在接下來的時間，你能透過這樣的提問與對話讓這些工作知識的完整度提升，讓你更洞悉原理原則的本質，你就有可能在工作上比別人做得更好。做得好、掌握完整，當然就更容易能脫穎而出！！

所以熟悉生成式 AI，透過這方式來完備工作所需的各類底層知識，這或許是接下來的時代你優先該努力的第一件事。

目標二，更重視實績

我們在這本書，其實從頭到尾最希望大家理解的一個概念，就是請不要把職涯寄托在「依賴」。

無論是依賴大的組織、依賴公司的名聲、依賴名片的影響力、或是依賴你的年資與學歷。對，年資與學歷的效用在接下來的時代

會越來越不重要。

原因很簡單,因為當生成式 AI 橫空出世下,它無論在文字上、企劃上、圖像生成上、甚至知識完整度上都能超過很多名校畢業生、甚至超越工作好幾年的資深上班族。當學歷與年資不再是品質保證時,市場多半就會更重視「做出成果」的能力。

換言之,你是一個中文系的畢業生,但你寫不出一段像樣的說明文件;你是十年資歷的行銷,但你寫出來的文案比 ChatGPT 還差;你是資深美術,但你的產出沒有 Midjourney 好;你是一個專利工程師,但你對於案例的判讀沒有 AI 更完善,那老實說,市場對你的評價一定很低。就算你有很多年的工作年資,或是名校學歷,這些都不可能再在職涯上幫助到你。

也因此,如果可以,你該把更多心力花在「完成好作品」上。無論那是一個成功的企劃案、一個嶄新的產品設計、一個如期如質如預算達標的專案、成功的訴訟、超棒的 APP、寫一本書、創作一個你多年的 Portfolio 都可以。

重點就是讓別人可以輕易理解,你在某個領域耕耘多年,你到底

能具體創造什麼價值。而不要空有個十年的年資，但別人詢問時，你卻講不出來自己在這十年間到底做到了什麼。也不要再花太多時間在追求學歷的虛名。因為你空有學歷，但若沒有明確能讓人驚豔的作品，那這學歷真會是一文不值了。

目標三，更優化效率

第三個你該嘗試的，是透過活用這類生成式 AI 工具在工作上加速。無論是文字上的效率提升、幫你翻譯、請 AI 給你一些自己可能沒想到過的點子、甚至是創作文件插圖、評論你的文件、改變工作流程、或是協助你簡報優化等等。

以我而言，我現在手邊若有一個企劃，我可能會先請 ChatGPT 給我一些點子。雖然其中大部分的點子我可能都有想到，但偶爾它會丟出一兩個我沒想到過的額外點子。若其中有一兩個有趣的點子，我會繼續詢問它在那個方向具體能做什麼，我就能在更短的時間內展出一個規劃。或許我不會請它幫我直接生成一篇文章，因為寫出來的內容會有很濃厚的 AI 味，但我還是可以在文章寫完後請他幫我校對、幫忙我做概念上面的攻防、問它哪裡可以更好、

並請它給我如何修改的建議。

網路上也可以看到很多人搭配來進行腦力激盪、程式設計、公關信件草擬、翻譯 Email、行程規劃、或是把一個 Excel 丟入請它找出洞見等等,我相信接下來肯定還會有更多厲害的應用。也因此,你若是一個上班族,無論是企劃、是美編、是行銷、是法務、是程式開發、或是一般的內勤行政,我相信都可以透過這類工具的輔助,讓你工作效率提升、讓你在同樣的時間內完成更高水準的產出!

既然這類工具會大幅改善我們的效率,我很強烈建議你必須跟上最新的發展進度,並嘗試不斷地把這類工具融入到你日常的工作中。因為這類工具在接下來只會越來越成熟,會越來越好用,也必然會是知識工作者再也無法不用的工具。而且你不用,你的同事與對手顯然會用。當你原地踏步但他們的效率提升,這麼此消彼長下,對你的職涯終究還是有所影響的。

以上三點,是接下來幾年間我自己會非常重視的事情。先讓自己透過工具更有效學習、更完備理解知識的本質,無論這是你要新學的東西,或是是重新回頭研究你專業上原本還有點一知半解的

事情都可。再來，嘗試在本質通透的原則下搭配好的 AI 工具讓你提升效率。最後，在效率提升的狀況下努力做出許多「有價值的作品」。

若你能累積無數這樣「有價值的作品」，這些作品會代表你的實績、代表你的能力，也是下一個時代真正屬於你的名片！

張國洋 2023/5

沒了名片，
你還剩下什麼？

32個上班族增加自我籌碼的方法

【暢銷新版】

作　　　者	張國洋、姚詩豪
責 任 編 輯	陳嬿守、林亞萱
主　　　編	黃鐘毅
版 面 設 計	逗點設計
排　　　版	張庭婕、江麗姿
封 面 設 計	兒日設計／倪旻鋒

行 銷 企 劃	辛政遠、楊惠潔
總 編 輯	姚蜀芸
副 社 長	黃錫鉉
總 經 理	吳濱伶
發 行 人	何飛鵬

出　　　版　創意市集

發　　　行　城邦文化事業股份有限公司
　　　　　　歡迎光臨城邦讀書花園 www.cite.com.tw

香港發行所　城邦（香港）出版集團有限公司
　　　　　　香港灣仔駱克道 193 號東超商業中心 1 樓
　　　　　　電話：(852) 25086231
　　　　　　傳真：(852) 25789337
　　　　　　E-mail：hkcite@biznetvigator.com

馬新發行所　城邦（馬新）出版集團【Cite(M)Sdn Bhd】
　　　　　　41, jalan Radin Anum,
　　　　　　Bandar Baru Sri Petaling,
　　　　　　57000 Kuala Lumpur, Malaysia.
　　　　　　Tel：(603) 90578822
　　　　　　Fax：(603) 90576622
　　　　　　E-mail：cite@cite.com.my

印　　　刷	凱林彩印股份有限公司　Printed in Taiwan.
版　　　次	2023 年 5 月 三版一刷
定　　　價	350元

版 權 聲 明　本著作未經公司同意，不得以任何方式重製、
　　　　　　轉載、散佈、變更全部或部分內容。

商 標 聲 明　本書中所提及國內外公司之產品、商標名稱、
　　　　　　網站畫面與圖片，其權利屬各該公司或作者所
　　　　　　有，本書僅作介紹教學之用，絕無侵權意圖，
　　　　　　特此聲明。

如何與我們聯絡：

1. 若您需要劃撥購書，請利用以下郵撥帳號：
　 郵撥帳號：19863813
　 戶名：書虫股份有限公司
2. 廠商合作、作者投稿、讀者意見回饋，請至：
　 FB 粉絲團：https://www.facebook.com/InnoFair
　 E-mail 信箱：ifbook@hmg.com.tw
3. 若書籍外觀有破損、缺頁、裝訂錯誤等不完整現象，
　 想要換書、退書，或您有大量購書的需求服務，都
　 請與客服中心聯繫。

客戶服務中心
地　　址：10483 台北市中山區民生東路二段 141 號 B1
服務電話：(02) 2500-7718、(02) 2500-7719
服務時間：週一至週五 9:30 ～ 18:00
24 小時傳真專線：(02) 2500-1900 ～ 3
E-mail：service@readingclub.com.tw

國家圖書館出版品預行編目資料

沒了名片，你還剩下什麼？32個上班族增加自我籌碼
的方法（暢銷新版）/ 張國洋, 姚詩豪著. -- 三版. --
臺北市：創意市集出版：城邦文化事業股份有限公司
發行, 2023.05
　　面；　公分
ISBN 978-626-7149-95-9(平裝)

1. CST: 職場成功法

494.35　　　　　　　　　　　　　　　11200625